21天
戒掉拖延症

• 15 SECRETS •

SUCCESSFUL PEOPLE KNOW ABOUT TIME MANAGEMENT

[美]
凯文·克鲁斯 著
（Kevin Kruse）

高欣 译

民主与建设出版社
·北京·

© 民主与建设出版社，2023

图书在版编目（CIP）数据

21 天戒掉拖延症 /（美）凯文·克鲁斯著；高欣译 . -- 北京：民主与建设出版社，2023.1
书名原文：15 Secrets Successful People Know About Time Management:The Productivity Habits of 7 Billionaires,13 Olympic Athletes,29 Straight-A Students, and 239 Entrepreneurs
ISBN 978-7-5139-4100-6

Ⅰ . ① 2… Ⅱ . ①凯… ②高… Ⅲ . ①成功心理 – 通俗读物 Ⅳ . ① B848.4-49

中国国家版本馆 CIP 数据核字（2023）第 020426 号

著作权合同登记号：01-2022-7021

Copyright © 2015 by Kevin Kruse

Simplified Chinese translation rights arranged with Kevin Kruse through TLL Literary Agency

21 天戒掉拖延症
21TIAN JIEDIAO TUOYANZHENG

著　者	［美］凯文·克鲁斯	
译　者	高 欣	
责任编辑	程 旭	
封面设计	末末美书	
出版发行	民主与建设出版社有限责任公司	
电　话	（010）59417747　59419778	
社　址	北京市海淀区西三环中路 10 号望海楼 E 座 7 层	
邮　编	100142	
印　刷	唐山富达印务有限公司	
版　次	2023 年 1 月第 1 版	
印　次	2023 年 2 月第 1 次印刷	
开　本	880 毫米 ×1230 毫米　　1/32	
印　张	8	
字　数	120 千字	
书　号	ISBN 978-7-5139-4100-6	
定　价	49.80 元	

注：如有印、装质量问题，请与出版社联系。

不累也能生产力翻倍！

如何让你每天能多出一小时来阅读、锻炼或者陪伴家人？

基于对亿万富翁、奥运会运动员、优等生和超过 200 位企业家的采访（其中包括马克·库班、凯文·哈林顿、詹姆斯·阿图彻、约翰·李·杜马斯、格兰特·卡顿和刘易斯·豪伊斯），《纽约时报》畅销书作家凯文·克鲁斯回答了以下问题：

最大化生产力的秘诀是什么？

你将会学到：

如何通过"时间旅行法"来根治拖延症

如何通过"三个问题"来每周节省 8 个小时

如何找到你眼下最重要的任务

如何让你的收件箱每天做到零未读邮件

如何通过 E-3C 工作法使你的生产效率提高 10 倍

如何使用理查德·布莱森的方法来减压

如何在下午 5 点前下班而不感到内疚

如何像苹果、谷歌和维珍公司一样有效地开会

如何不被社交媒体分散注意力

补充贴士： 109 条关于时间管理的名言

两份免费礼物

为答谢您购买本书，我向您提供两个免费资源：

1. 百万富翁如何安排自己的一天（1 页的计划工具）
2. 极端高产人员做 15 件事的不同方式（快速指导）

访问以下链接，立即获取资源：

www.MasterYourMinutes.com

凯文·克鲁斯
《纽约时报》畅销书作家
《福布斯》撰稿人
美国 Inc. 500 强企业家

你超速了！

凌晨5：20，天色昏暗，天气寒冷，我在新泽西1号公路边停下了车。当时我正赶着去上班。

"你知道我为什么让你停下来吗？"

我心想：他为什么非得冲我大喊大叫的呢？

"我猜我超速了。"我声音沙哑地说。

"超速！"他俯下身来，直到他的帽檐碰到了我的车窗。他看着我的眼睛说："你刚刚都快在我身后飞起来了，蹭了我的保险杆，绕过了我，而且还没停下来。我可是以65迈的速度在慢车道行驶。"

我多么希望当时那名警官没有开带标志的车啊，但他的确是开了一辆带警标和警灯的车，车门上印着巨大的蓝黄色"州警"字样。

我不能解释什么。我不记得自己有超任何车，更别说一辆标志明显的警车了。

很明显，我当时半梦半醒还想着工作上的事，我的速度是每小时 80 迈，而那位警官只开了 65 迈。所以我就变换了车道并且超过了他。

"对不起，警官。我，我猜……只是，唉，开了个小差。"

"开了个小差？"

"我没睡饱，而且……"

值得庆幸的是，他没有逮捕我。

我也真的很庆幸没有撞到人。

这件事发生在 20 年前，那个时候我还很年轻很不懂事。我当时简直"忙疯了"，只得延长工作日的工作时间，并且每个小时多加一些任务。我早上 5 点出门，工作到半夜才回家。吃饭也没有规律，在车里喝杯咖啡、吃根奶油卷就当早饭了。中饭直接不吃，晚饭就狼吞虎咽地站着解决掉。

我喝了太多的红牛功能饮料，以至于当我看着这些银蓝色易拉罐的时候，就像一个酒鬼看着瓶子里的酒——我对它们产生依赖性了。在高速公路上超过了一辆警车，并且丝毫没有察觉，这绝对是我做过的最糟糕的事了。但是在那之前，也有一些失控的征兆。

比如，我在给汽车加油后就把车开走了，然后就听到"哐当"一声！我竟然忘了把汽车加油管拿出来。我当时竟没有炸了那个地方，这简直是奇迹。

那时，我妻子还一直对我说："我觉得，和你再也不亲密了。"她现在已经成了我的前妻。

我并不是完全不知道时间管理。我读了很多的畅销书。我很擅长制订计划，在头一天晚上，我就会把第二天要做的事按轻重缓急排好顺序。有一段时间我要做的事情实在太多了，我可以在标准的笔记本上写满两栏——35 行，每行两个任务，一共 70 个。

现在回想起那段时间，我觉得既可怕又羞愧。

好在现在情况完全不同了。

我现在是一个带着三个孩子的单身父亲。我每天晚上辅导他们的家庭作业，每天晚饭也能在餐桌上待半小时以上。他们的比赛、话剧、演奏，我基本上都参加。虽然我不是运动员，但我的确在保持锻炼，也将自己的体重控制在一个健康的范围内。每周，我还会和我的女朋友进行至少一到两次的

"约会"。

在工作方面，我每年会举办一次小型的咨询活动，写两本书，在世界各地演讲，并且监管我在许多新兴公司和房地产生意里的投资。

与此同时，我也常去度假。光去年我就去了波多黎各、坎昆和泽西海岸；我还在纽约待了几个周末。我女儿 16 岁生日的时候，我带她去巴塞罗那和马德里进行了一次绝妙的旅行，还去潘普洛纳看了斗牛。

我做了这所有的事，而且关键在于——我一点也不觉得紧张、着急、超负荷或是内疚。我绝对没有那种"忙疯了"的感觉，也觉得这种"忙疯了"的感觉是没有必要的。

我想你一定很妒恨我吧？

我对于时间和压力的管理开始转变，是因为我咨询了我成功的朋友们，询问他们是如何管理时间的。

我很快发现，没有一个人提到我在那些畅销书里学到的关于时间管理的传统方法。

我的好奇心马上转变为行动，我做了一个关于工作专家的研究调查，想找到更科学、有效又具体的时间管理方式以及生产力、压力和幸福感之间的联系。我研究了几千名各行业的专家，结果发现目前流行的时间管

理的训练法和高效率或者减压一点关系都没
有。一点儿也没有！

后来，我采访了几百位非常成功的人士，
包括马克·库班和其他亿万富翁、著名的企
业家、奥运会金牌得主，比如香农·米勒和
一些优等生。我发现这些很成功的人并不会
按轻重缓急列一个待办事项清单，也不会遵
循一些复杂的五步系统，或是通过树状图来
做决定。

事实上，这些很成功的人完全不会去想
时间这件事。相反，他们会想的是价值、优
先权和坚持的习惯。

没有人管理时间的方式是完全一样的，
但有共同的特征。如果你真的尝试了的话，
你会发现，只要运用这些秘诀之一，就足以
改变你的事业和生活。

凯文·克鲁斯
宾夕法尼亚州公鹿郡

CONTENTS **目 录** ///////

第 1 天　怎样过一分钟，就怎样过一生

一个数字能够改变你的生活

曾经，有一个很短的问题，让我每每听到它都感到脊背发凉：

能耽搁你一分钟吗？

当然，我一向奉行门户开放的政策。当然，我是老板。当然，有些人会说我太抠细节了，导致人们要频繁地跟我进行确认。（谁会这么说呢，当然是我啦！）

我是一家电子学习公司的创立者兼主席，公司也很快取得了成功。收入每年翻倍的同时各种挑战也在升级：我们面临着新员工、销售、产品开发、融资以及其他很多问题。

要"灭"的"火"不停蔓延，来敲我门的人络绎不绝。他们都在问我这个问题："能耽搁你一分钟吗？"

人们向我征求意见和帮助是很正常的。但我很快就发现，自己一整天都将时间花在别人身上，这也使得原本可以一分钟就解决掉的会议，不可避免地被延长到半小时或者更久。而我自己的要务，以及公司的要务，都因这些"紧急的一分钟"而被甩在后面。

后来，我在一张纸上打了个大大的1440，把它贴在我办公室的门上。

没有其他的话，也没有解释，仅仅是一个加粗、300 号、Arial 字体的阿拉伯数字："1440。"

◎我是如何打败"岁月神偷"的?

每当我走进办公室，都会经过那个大大的"1440"。时间"嘀嗒""嘀嗒""嘀嗒"，提醒我不能浪费。

当别人在我门口停下来问我"有空吗"的时候，我也会说"有"。他们马上会问："这个 1440 是什么意思呢?"

我会跟他们解释说这是用来提醒我珍惜时间的，我需要把每分每秒合理地运用起来。

我做这个标志完全是为了自己，但没想到这些"一分钟会议"的时间也突然缩短了。有一个人听到我的解释后回答道："你知道吗，我也不需要再多说什么了。我意识到我可以等周一团队聚齐了再说。"

我想当我起初放上这个标志的时候，一定把大家吓坏了。他们会想：凯文一定心情不好；他不希望我们和他说话；凯文真虚伪，说是"门户开放"的，却又用这样的标志来侮辱我们。

这张纸一直贴着，但时间一长，那种新鲜感就没有了。不久后，我就听到办公室里其他人在做自己紧要的事或者在拒绝一些不相关的会议时，也会说"只有 1440 分钟"。

◎ 每天只有 1440 分钟

如果你也像绝大多数人那样，想要提升自己的时间管理能力，你也许会需要一个清单，清单上写着可以提高生产效率、增加工作时间的贴士、工具和系统。

事实上，要想提高效率、管理时间，最重要的不是某个技巧，而是需要转变心态。

通过自己奋斗获得成功的百万富翁、专业运动员、优等生以及其他很成功的人，对于时间的想法都不尽相同。他们也用不同的方式在度过自己的时间。

用他们的话说——

在我决定要接受一个新项目之前，我会仔细分析一下：这会花费我多少时间，在经济上会有多大的潜力。我创造了一种"美元每分钟"的分析模式，希望每周可以有 100 万美元的效益。

——凯文·哈林顿，商业广告片创作者、畅销书作家、创业节目《鲨鱼坦克》的原始投资人、As Seen On TV 公司的创始人兼主席花一分钟，去想一想生命中最有价值的事。实实在在地花一分钟看一眼这本书，你甚至可以合上眼睛，然后心里列一个清单，想一想在这个世界上你最看重的事。

如果你此时想的是，等我有空的时候……

你真的做这个练习了吗？不要只是读这本书然后就让它这么过去了！你需要配合这些课程来行动。改变一个人的习惯是很难的，仅仅依靠被动阅读并不能达到这样的效果。所以动起来！

好了，如果你和绝大多数人一样，那么你列的单子上会包括你的配偶、你的孩子、你的健康、你的钱财，当然还有你的时间。

非常成功的人士都有一个相似的清单——他们会把时间列在所有东西中最重要的位置。

健康难道不应该是最重要的吗？ 你也许是健康的，也许会生病，但病好后又会恢复健康。

那么钱财呢？ 千金散尽还复来。

朋友呢？ 朋友的确是很重要。但是，你有多少大学时的朋友如今已经不再联系了呢？或者是那些参加你婚礼的人，那是不是你最后一次见他们？是的，朋友是很重要，但我们会失去他们，也在不断交新朋友。

爱人呢？ 是的，你的配偶对你来说意味着全世界。但是，有百分之五十的人结婚后又离婚了，有很多人之后又和生命中突然出现的爱人再婚了。

但是，时间……

时光永远无法倒流。

你花了一些时间，却不能赚来更多的时间。时间不能买，不能租，也不能借。

◎时间才是最宝贵的财产

时间是很独特的东西，因为它是真正平等的。有些人生来富裕，而有些人却生来贫穷。有些人从高等学府毕业，而有些人却中学辍学。有些人天生就有着良好的运动基因，而有些人却身体状况不好。

但我们每天拥有的时间是一样多的。时间是最低的共同标准。

用你的手去感受心跳。

再一次，我需要你真的这样做。把手放在胸前感受你的心跳：扑通，扑通，扑通。

注意你的呼吸：吸气、呼气，吸气、呼气。

这些过去的心跳不会再回来了。同样，刚做的呼吸也不会再回来了。事实上，我刚从你生命中拿走了三次心跳的时间和两次呼吸的时间。

但是，如果这能够帮助你真正感受到时间在飞逝的话，那么就是值得的。

你也许会想："好吧，好吧，时间很重要。我当然知道，这就是为什么我在读这本书。我知道的！"

但你真的会好好把握你的时间吗？

想一想你把多少精力放在了金钱上。努力工作是为了赚钱，时刻关注着银行里的存款，寻找最好的方式来投资，阅读关于赚更多钱的方法，担心有人会偷你的钱。

你永远不会让你的钱包敞开着。你也永远不会把你的银行卡和密码给陌生人。

然而，我们通常很少去想关于时间的问题。虽然时间是我们最宝贵的财产，但在日常生活中，我们常常让别人"偷走"我们的时间。

能改变你人生的神奇数字是 1440。

我鼓励你自己也这样试一试。就在一张纸上写一个大大的"1440"，然后把它贴在办公室的门上、电视机下面、电脑屏幕旁边——无论在哪里，只要它能很好地提醒你时间是有限的，你每天拥有的时间是非常宝贵的就可以。

◎为什么是用分钟计数而不是秒钟？

一天有 86,400 秒。如果这个数字对于你来说更加有效，那么就把这个数字写上去作为一个提醒。

但就我个人而言，我发现关注点放在分上面会更加有效。秒流逝得非常快。但分就不一样了！想一想你在一分钟内能做的所有事。

我问了脸书（Facebook）首页的人们，会怎么使用一分钟。他们的答案包括：

做 30 个仰卧起坐

告诉一个人你有多爱他

做一套瑜伽的火式呼吸

写一封感谢信

将自己介绍给一位陌生人

读一首诗

想一个极妙的主意

浇一棵植物

喂你的猫

心碎或者让别人心碎一次

唱一首歌

写一篇日志

吃一个苹果

喝一杯水

给你想着的人发一条短信

在太阳下站一会儿

写三件让你感激的事

做一个放弃吸烟的决定

给一些反馈

进行捐款

道歉

烧水沏茶

发一条积极的推特（Twitter）

做白日梦

微笑

拍一张会成为记忆的照片

平板支撑

用他们的话说——

根据我的经验来看，能够遵守并且接受这些习惯，在很大程度上就是区分成功人士的方法之一……如果要我在一个商业电子游戏里设计十个虚拟人物，我会设计三个充满才智的人，剩下七个都是自觉自律的人。

——安德鲁·梅森，Detour 联合创始人，高朋（Groupon）团购网站的合作创始人及前 CEO（首席执行官）

呼吸……充分吸气，呼气的时候心怀感激

拥抱你的妈妈

好好地进行一次亲吻

回忆一段幸福时光

冥想

祷告

非常成功的人士能感觉到时间在流逝。他们知道每一分钟都充满了无尽可能性。

当你一觉醒来，下意识地开始计数——1440，1439，1438——那么要养成极成功人士的生活习惯就很容易。

秘诀一

时间是你最宝贵也是最稀缺的资源。

如果你每一天都把 1440 分钟过得充实有意义，那么你的人生将会发生怎样的改变呢？

第 2~3 天　重要的事情优先做

你到底在追寻着
谁的梦？

　　如果你不是忙着
追寻自己的目标，那
么你就是在为别人的
目标而奔走。

◎你的"第一目标"是什么？

　　在1991年的一部喜剧电影《城市乡巴佬》中，老牛仔克里（由杰克·帕兰斯扮演）告诉了米奇（由比利·克里斯托扮演）一个秘密：克里竖着食指说，你要找到自己的目标并且为此坚持。

　　但"自己的目标"这一概念，远在比利·克里斯托的喜剧之前就出现了。考虑一下这些年长者的建议：

　　　　同时做两件事将一事无成。

　　　　　　　　——普布里乌斯·西鲁斯

　　　　同时追两只兔子的话，最后你一只也捉不住。

　　　　　　　　　　　——俄罗斯谚语

　　　　重要的事不能对无关紧要的事让步。

　　　　　　　　　　　　——歌德

　　　　这个世界因为那些能一次只专注一件事的人而得以发展。

　　　　　　　　　　　——奥格·曼狄诺

你必须一心一意、一门心思地朝你所决定的事情前进。

——巴顿将军

效率是正确做事，成效是做正确的事。

——彼得·德鲁克

专注一个目标才能取得成功。

——文斯·隆巴迪

◎认清你最重要的任务

特雷泽·麦坎是密苏里大学圣路易斯分校的一位教授，她在时间管理、生产力和工作压力等方面有过突破性的研究。她发现其中两大关键是优先权和技巧（例如，运用时间管理方法和策略的技巧）。

简单来说，最重要的是知道去关注什么，以及如何去实现。我通常把这个叫作"你最重要的任务"（Most Important Task），简称"要务"（MIT）。

目前，所有关于此类话题的书都围绕着制定目标这一中心。有一天我自己也可能写一本，但前提是你要知道什么对你来

研究表明——

除了提高的生产力外，有一个日常的"要务"也能让人增加幸福感、更具活力。（来源：《克鲁斯集团》，2015）

用他们的话说——

大约在奥运会的六个月前，我就会将所有的决定和获得金牌挂起钩来。我每天都要问自己一个简单的问题，那就是："这个活动有助于我表现得更好，从而帮我们获得金牌吗？"

——布里亚娜·斯卡莉，作为美国女子足球队的第一代守门员，曾在 1996 年和 2004 年获两次金牌

我在时间安排方面想得很多。这是我的任务吗？这能帮助别人或是提高我服务别人的能力吗？这两个问题使我一直沿着自己的目标前进，这是我为什么能很好地管理时间、处理优先事项的关键。

——克里斯·布罗根，畅销书作者、老板媒体集团的 CEO

说是最重要的，以及目前什么样的活动能让你获得撬动目标的杠杆。

绝大多数人为健康、财富和关系制定目标，但也有人会增加一些新的条目，比如精神生活、慈善和娱乐。

无论你关注的领域是什么，传统上来说，目标应该是确切可量化的。你笔下的目标应该是"到年末省下 5000 美元"，而不是"省钱"。你制定的目标应该是确切的"十周减十磅"，而不是"减肥"这样泛泛的目标。

在确定了最重要的目标后，要知道哪些活动有助于实现它，哪个活动就目前来说是最重要的。

如果你还没有确认自己的目标，那么也不要做无用功。事实上，很多专家，像 CEO 导师彼得·布里格曼就说设定目标也有不利的一面。相反地，他建议选择几个关注领域。

打个比方，我在写这本书的时候，我知道我今年很想增加被动收入，但我心里没有一个明确的数目，因为我手上很宽裕，所以没有任何压力逼迫我确定一个数字。

但为了增加被动收入，我也知道我需要

去创作各种东西，比如书、点评或是网上培训。现在，当我问自己：

> 现在，为了达到我的目标，最重要的一个任务是什么呢？

我知道就是写这本书。一旦这本书写好了，我就能再创造出一些衍生品。一旦等到我有足够的东西可以出售了，届时我的目标就很可能变成通过营销材料和在线研讨将这本书推广到世界各地。但现在，我知道我的"要务"是写好这本书。

由于工作不同和个人目标不同，每个人的"要务"也是不一样的。一名销售新手的要务也许是打冷访电话，完成销售目标；一位软件工程师的要务也许是调试某个特定的模块，在产品上线前及时完成任务；一位高级软件经理的要务也许是招一个新的程序员或开发一个新的手机软件；一个创业公司首席执行官的要务也许是组织演讲，获得风险投资；一名学生的要务也许是找一名家教，在即将来临的考试中获得好成绩；一位全职家长的要务也许是在州立公园预约一处野营地，为全家最爱的夏季假期做好准备。

用他们的话说——

> 我总是先做最重要的事。如果没有把时间花在最重要的事上面，那么这一周可以说是被浪费的。

——兰迪·盖奇，九本书的作者，包括《纽约时代周刊》最畅销的《风险是最新的安全》等

用他们的话说——

如果你想要生产伟大的产品，那么就将超过 50% 的工作投入到生产中去。不能确定是否对客户或者公司有利时，就不要说话。

——马克·平卡斯，Zynga 的联合创始人兼 CEO

◎马克·平卡斯的"要务"

确认你的目标后，安排事项会更加容易。知道什么最重要以后，不为此事花时间就说不过去了。

社交游戏公司 Zynga 最知名的应该就是"开心农场"这个游戏了，最多的时候有 2.65 亿玩家。其 CEO 是马克·平卡斯，他对自己的要务有着很明确的定义，而且坚信要在上面花费至少一半的时间。

◎利用早晨的最高效两小时

在你确定了自己的紧要事情是什么之后，你需要将它放在自己的计划之内，并且尽早将其提上日程。

丹·艾瑞里是杜克大学研究心理学和行为经济学的一名教授。他建议说，通常情况下，绝大多数人是在完全醒来后的两个小时内效率最高，行动意识也最强烈。丹·艾瑞里在社交网站 Reditt 的"问我任何问题"这一活动中写道：

> 有关时间管理方面最悲哀的两个错误是——人们倾向于在醒来后效率最高的两个小时内做一些对认知能力要求不高的事情（比如浏览社交媒体）。如果我们可以把握这些珍贵的时间，那么我们中的绝大多数人都会在追求我们真正想要的东西方面变得更加成功。

我们为什么做这件事呢？为什么我们要把最宝贵的时间花在最不重要的事情上面呢？

很多人在开始新的一天时，都想尽量顾好快速又简单的事情。回复前一晚的所有邮件，对我们成堆的邮件进行分类，签收我们的订单……做这一切看起来非常高效率！看，现在才是上午的 11 点，但我已经做好了至少 50 件事。

还有一些人会在一天中的早些时候做一

用他们的话说——

将你一天中的第一部分时间投入到重要的事情上面，这会使你事业成功。当你在做这件事时不会被干扰，没有邮件也没有短信，因为这时其他人还没有醒来。

——汤姆·齐格勒，Ziglar 发展咨询公司的 CEO

先做富有创造力的工作，重复性的工作往后排。

——乔纳森·米利根，《专业博主的 15 条成功秘诀》作者

用他们的话说——

我会在前一天晚上准备一个"必须要完成的任务清单"……当我第二天到了办公桌前我就会先完成这些事情，然后再打开我的邮箱。

——安德鲁·麦考利，AutoPilot Your Business 网站创始人

我试着把早晨改为"真正的工作"时间。我发现我在早晨的注意力更集中，但经过会议的轰炸之后，我很难集中注意力，所以我会尽量把会议安排在每天的晚些时候。

——内森·布莱卡斯亚克，Airbnb 的联合创始人

些不那么令人愉快的事，这就是我们所说的"先啃难啃的骨头"策略。有人说把那些不想做的事情提前来做，这是对抗拖延症的一种有效方式。当然了，如果这能够对抗拖延症，那么它可能是条好建议。但与此同时，这种方式也有可能在拖慢你的效率，因为你将自己最高效的时间都用在这些事情上了。

并不是所有人都是在一大早的时候认知能力最好，但是，在一天中早些时候不太会出现突然要做的事情或者是需要紧急完成的事。

把艾瑞里教授的建议牢牢记在心里，在开车去上班时喝第一杯咖啡，关上门，将手机调成静音，关上邮箱和社交媒体，然后专心致志投入到你最紧要的事情上。

◎如果你是一名……这要怎么实现呢？

企业家：什么"要务"会对你实现季度目标有帮助？

职场人士：针对会被考察的事来确定自己的第一要务，考虑每件事对年度表现评价有无帮助。

自由职业者：确定你的要务有助于吸引更多的客户。

学生：选一门最重要的课来提升成绩。

家长：确定对于孩子现在的健康和发展会有帮助的要务（比如组织一个活动小组、选择一个夏令营、找一个音乐辅导老师）。

用他们的话说——

我会在一天或者一周内计划一系列 90 分钟的"填充阶段"。在这些阶段中，我会一心一意专注在我的第一要务上，而不会去管别的事。

——史蒂芬·沃森纳，主持人兼风投公司 CEO

秘诀二

确定你最重要的任务，并且将它放在其他事情之前完成。

那么，什么是你的"第一目标"呢？什么是你的"要务"？

第4天

抛弃你的任务清单吧！

你真的认为亿万富翁们会整天围着任务清单打转吗？

你真的认为比尔·盖茨、唐纳德·特朗普、沃伦·巴菲特会写一个长长的任务清单，然后按照轻重缓急列出 A1，A2，B1，B2，C1等吗？

你真的认为史蒂芬·乔布斯会制定一个任务清单，然后每天问自己几次"我的下一个行动是什么"吗？

◎任务清单存在的问题

任务清单应该被称作烦人的愿望清单。你写下一系列想要完成的任务，但没有一个明确的计划说什么时候要把它们做好。你的任务清单上有多少任务是已经列了好几天的？好几周？甚至好几个月？

将任务记在任务清单上的第一个问题，

就是它不能将任务进行区分，无论是需要几个小时的还是只需要花几分钟的。所以，当你随意看一眼那个单子，然后问："嗯……我接下来应该做哪件呢？"你很有可能会去选那些快速、简单的任务，而不一定是最重要的任务。

第二个问题，和第一个问题相似，任务清单很容易会让你去做"紧急"的事而不是重要的事。这就是为什么"做一个 2013 年家庭年度相册"这个任务现在还在单子上没有完成（已经写了两年了）。你知道有多少人会一年年地把结肠镜检查滞留在任务清单上吗？

第三个问题，任务清单会造成很多不必要的压力。事实上，我们带着列满待办事项的清单，是为了记住它们。但这也是种不断的提醒，它不断告诉我们还有很多事情需要去处理。无疑，这会使我们感到喘不过气来。在夜晚的时候，我们会因此身心俱疲，由于脑子还在想着这些要做的事，就会陷入失眠状态。无疑，这会使我们因为压力而崩溃。

研究表明——

任务清单上有 41% 的任务都没被完成。（来源：《忙碌人群指南》）

任务清单上 50% 的任务在第一天的时候会被完成，而且多半在被写上去一个小时之内就完成了。（来源:《忙碌人群指南》）

蔡格尼克记忆效应是一个心理学词语，它是基于研究表明未完成的目标，会让人产生干扰式的、不受控制的想法。

◎过日历上的生活

顶级成功人士没有任务清单，但他们会有一个井井有条的日历。从我为这本书做的采访和研究中，我得到的最统一的信息是——如果你真的想完成一件事，那么就为它安排出时间来。

这就是为什么极度忙碌的政客、职场人士和名人们都有一个全天的日程表。这就是为什么成功的人都倾向于说："让你的手下打电话给我的手下去安排这件事吧。"（虽然听起来有点矫情）

令人惊讶的是，将你的任务安排在日程表上这一简单的行为（而不是写一个任务清单）会解放你的大脑、减轻压力，同时增强认知表现。佛罗里达州大学的研究者表明，蔡格尼克记忆效应（有意识或无意识的紧张想法都是由未完成的任务造成的）可以通过制订一个完成任务的计划来克服——你并不真的需要完成任务本身。

实现用日程表取代任务清单来管理你的生活，有几个关键的概念需要你理解：

第一点，安排一大块的时间对你来说是重要的事；这就是所谓的"封闭时间"或者"封盒时间"。如果你真的很重视身体健康，而且也决定通过每天锻炼 30 分钟来实现你的目标，那么不要把它放在你的任务清单上——把它放在你的日程表上。将它打造成一个循环的事项。如果你真的很重视将顾客亲密度作为一种商业策略，而且也有一个每天至少和两位顾客谈话的目标，那么就每天安排出一个"顾客电话"时间。

第二点，重要的事情应该尽量安排在一天的早些时候。无论我们怎么尝试去控制我们的时间和日程，总会有一些需要我们注意力的事突然出现。这有可能是你老板让你去开会，有可能是顾客愤怒的电话，或者是校医打电话来让你去接小约翰回家。很自然地，每天时间过去得越多，一些意想不到的事就越可能发生。

用他们的话说——

我把所有的事情都列在日程表上。列表上写着 30 分钟社交媒体；写着 45 分钟邮件管理；写着跟上我的核心团队；写着安静的时间用来思考和做计划。底线是，不在计划内的事，就不会去做。

——克里斯·达克，创业家、主题演讲者，是一位销售达人，同时也是一位受欢迎的商业博主和播客主持人

研究表明——

"计划可以增加人实现目标的概率，同时也会减少多余的认知活动……"（来源："考虑完成它！"《性格与社会心理学》杂志，2011）

用他们的话说——

在培训期间，我通过列出一个非常详细的日程表来平衡家庭时间、杂务、学校作业、奥林匹克训练、整理外表和其他必须要做的事。我被迫要排出优先顺序……到目前为止，我的日程表几乎已经精确到分钟了。将每一天都集中在那些让你更加贴近你的目标的事情上。这样，每一个瞬间都是有意义的！

——香农·米勒，1992 年和 1996 年美国体操代表队队员，共获得了七枚奥运奖牌

我个人就为这件事做了很多挣扎。如果我计划下午晚些时候或者晚上去运动，那么很有可能会有一些突发状况需要我处理，从而打乱我运动的计划。我知道，要是早上不去跑步的话，接下来就会有许多其他的事把它挤掉。

第三点，不要废除你的目标。如果有必要的话，对它们进行重新安排。打个比方，如果你通常每天中午 12 点到下午 1 点进行锻炼——在你午休的期间——但你周一中午必须要赶飞机，那么你可以把锻炼定在那一天的早一些或晚一些的时候。

第四点，像对待你和医生的约定一样对待你的"封闭时间表"。它们就是那样的重要。我们中的绝大多数人，很容易向自己制定的日程认输。如果我们将下午 4 点到 5 点安排出来，用来在办公室完成一个重要的报告，突然有一位同事需要 15 分钟，因为"发生了一些状况需要跟你说明白"，我们会反射性地说"当然"。想着我们可以只用 45 分钟就完成报告，或者我们多花 15 分钟在办公室里，又或者以另一种方式来调整日程。

但想象一下，如果你当时不是在做一个报告，而是和医生如牙医有一个预约。你还会答应给别人那段时间，然后将和医生的约会推迟 15 分钟吗？当然不会。

最好的习惯是自动拒绝那些不在规划内的请求。对和你自己的日程相冲突的事情，你可以说："下午 4 点到 5 点我有一个很重要的约会。我们可以 5 点以后再说吗？或者明天早上再说可以吗？"

你会惊讶于这些意料之外的事，会被安排得多么频繁。当然有的时候也会有很重要的人——比如你的老板或是伴侣——需要我们去关注，这就肯定比我们日程表上的事情更加紧急。但是，我们第一反应应该是找到一些见缝插针的时间来安排他们。

◎杰夫·威纳安排的缓冲时间

领英的 CEO 杰夫·威纳，写过一篇博客来描述他是怎样在自己的日程表里，安排"什么都不做"这一事项的。他写道：

用他们的话说——

找到那种蓝色的大日历。把你的生活安排在手机上也是可以的，但这跟安排在日历上会给你一种完全不同的感受。

——威尔·迪恩，加拿大赛艇运动员，参加了 2012 年伦敦奥运会和 2016 年里约奥运会

我发现管理自己的时间最有效的方式是买一个带着大日历的日程安排单。我会把自己要完成的主题手写下来，以及每个晚上我需要在那个主题上花费多少时间。

——凯特琳·希尔，一名成绩全优的大学生，现在正在攻读新泽西医药大学的医学学位

如果不是因为我的日程表，我是不可能把事情做完的。但只要它在我的日程表上，我就会把它做好。我把每一天划分成 15 分钟的间隔来举行会议、准备复习材料、写作以及做其他我需要完成的活动。我每周只会预留一个小时的会客时间，与那些需要见我的人见面。人们如今甚至可以在网上规划日程。

——戴夫·克彭，《纽约周刊》三本书的作者，Likeable Media 的合作创始人及主席，Likeable Local 的创始人和 CEO

如果你要看我的日程表，你会发现有一些时间是灰色的，也没有注明这些时间要拿来做什么。我的视线和打印机都没有出问题，这些灰色的模块代表着"缓冲时间"，或者是我特意留出来给会议的时间。

总的来说，我每天会给自己安排 90 分钟到两个小时的缓冲时间（以 30 分钟到 90 分钟这样的区间存在）。这是我在过去几年里形成的一个习惯，我这样安排，是因为每天的日程都太满了，一个接一个的会议让我没有空余的时间去处理发生的事情甚至思考。

起先，这些缓冲时间就像是一种放肆。我可以用这些时间来举行推迟的会议或是那些我之前没有开的会。但是，过了一段时间以后我意识到，这些时间间隔对于做好我的工作来说绝对是非常必要的。

◎通过时间管理来设计你理想的一周

另一种使得你日程表有效指导生活的方式，是通过时间管理来设计出理想的一周。

想象一下，你理想的一周会是什么样子的。

如果你是一个自由职业者、顾问或是教练，那么你的时间安排就会围绕客户的项目展开。同时你也应该花时间去学习新的技能，从他人的工作中获得灵感，或者致力于自己的营销计划。

如果你是一名中层管理者，那么你理想的一周应该包括和你组里的成员进行一对一的培训。同时也需要花点时间独自想一想，接下来几年的战略。

无论你专业的角色是什么，你都能找到你自己理想的一周的样子——甚至是理想的一天的样子，做一些重复性的私人的事情：锻炼身体，和家人相处，放松以及来寻找自己的兴趣爱好。

把这些项目都规划到你的日程表上——使得它们变成规律性事件——这是规划你生活的正确方式。这就能有效地让你坚持这些给你带来回报和快乐的事情。

我自己的日程表，反映我的价值追求：

我重视健康，所以每天早上会安排60分钟锻炼身体。

我重视培训我团队里的成员，所以我每周一都会以直接汇报的形式进行一对一的会议，以此来开启新的一周。

我重视团队协作以及打破孤岛现象，所以我每周都会抽出时间来安排一次全体会议。

我重视写作，所以每周抽出两三段时间来进行写作，而且保证不被打扰。

我重视孩子们的教育，所以每天晚上晚饭后我都会抽时间辅导他们做家庭作业。

我重视"充电"和新的体验，所以我会安排一个长长的周末或是整个一周——有时候提前一年安排——来度假，即使我还不知道要去哪里。

记住，关键在于不要使用任务清单来作为你管理时间的首要方法。任务清单上的事件有可能会一直这样待在那儿，没有进展，它会不断被当下发生的紧急事件所影响。而单子上还没有做完，但需要去做的事情就是我们压力的来源。

当你掌握了规划时间的方法——用你的日程表而不是任务清单，通过看你的每周日程安排，可以很直白地看到哪些是最重要的事情。

◎如果你是一名……这要怎么实现呢？

企业家：每周安排时间直接和客户对话、重新审视任务指标，或者指导你的直接下属。

职场人士：安排时间给首要目标。

自由职业者：每周安排时间来阅读行业博客，或者是学习怎么使用新工具。

学生：给小组学习安排时间，或者是去老师办公室问问题。

家长：通过这种方式来计划去健身房的时间、每周的安排和缴清账单。

秘诀三

根据日程表来做事，而不要根据任务清单。

如果你放弃你的任务清单，转而投向日程表，你觉得可以减少多少压力呢？

第5~7天　永别了！拖延症

想象一下，如果你可以通过一个心理练习来打败拖延症，那么你的生活将会变得多么不一样！

◎拖延症和懒惰并没有关系

说起来很讽刺，但当我在写这一章节的时候我就在拖延着。我本应该为一次在能源公司的演讲做一些研究。但我现在却在写这一章节。并不是说没有动力促使我做那件事情，事实上他们给我 54,425 美元，让我在 3 天里发表三次演讲，所以我应该充满欣喜地去投入到那件事中。但糟糕的是，比起花半天时间在"谷歌学术"中搜索、读无聊的学术论文、制作新的 PPT，写关于时间管理和提高生产效率的书，对于我来说更加容易。此外，我可以明天再做那件事。

拖延症是指把那些重要但是无趣的任务推迟，去做相对来说更简单、更让人愉悦的任务。比如回邮件、发推特、刷脸书、吃食物和看电视都是用来拖延的绝佳方式。

美国心理协会博士约瑟夫·法拉利的采访中我分享了一些他的研究发现：

> 我们都会推迟我们的任务，但我的研究发现有 20% 的美国男性和女性都是慢性拖延症患者。他们在家拖延、在工作上拖延、在学校拖延、在关系中也拖延，拖延症成了他们的生活方式。这部分人群的数量比患有临床抑郁症或恐惧症的人还要多，而后两项病症更为人所熟知。

为了可以永久性地打败拖延症，你必须要理解什么是拖延症。并不是因为你懒惰所以拖延，你拖延是因为：

> 1. 你缺乏足够的动力，而且 / 或者……
> 2. 当你在制订你的目标或是任务清单时，你低估了当前情绪和未来情绪的力量。

我们在很多事情上都会拖延。你也许会拖延学校报告的写作，或者拖延去做陌生电访，或者拖延解雇早就应该解雇的一些明显研究表明——

　　极少拖延的人更有效率、更快乐、更有活力。（来源：克鲁斯集团，2015）

不合格的员工，甚至拖延倒垃圾。

　　对于我来说，我的弱点在于锻炼。在生活中的其他领域，只要我认定了目标，就能够丝毫不拖延地完成它们。但锻炼身体？那就完全是另外一回事了。所以在接下来讲到的对抗拖延症这节，我就拿锻炼健身举例子吧。

◎拖延症克星之一：时间旅行

　　这是一个很大的问题。我们现在存在的问题被心理学家称作：**时间不一致**。

　　也就是说，当我们以为自己这周会吃沙拉，所以从杂货店囤了一批生菜，但不可避免地，两周以后我们冰箱的底部会出现烂掉的生菜叶子。

　　时间不一致，还意味着你会将一些纪录片和电影加进网站列表里，以为自己将来会看，但却从来没有下文，因为我们会不断选择"将会看的电影"。

　　这也是为什么我会一直买新的健身器材和很多健康食谱，但我还没见过我的六块腹肌。

无论我们觉得将来需要什么，我们都面临着**"现实的偏差"**。当这一刻真的到来时——是的，我们永远活在当下——我们选择去吃甜食、看情景剧和脸书上的猫咪视频。它们更加简单，也更加有趣。嘿，我们总能在下午或是周一再做其他事的，或者下月份再解决，对吗？

我们总是低估了在当下保持自律这件事的困难性。

为了克服时间的不一致性，我们必须和未来的自己作斗争——那个未来的自己，在现在，会妨碍我们。那个未来的自己，就是自己最好的敌人。

我愿意将这场战斗视作是时间旅行，以此来打败那个将来的自己。以健康举例，我开始想，将来的我会如何阻碍健康这一目标的实现？我现在要怎么克服呢？

将来的那个我，会在休息的时候在厨房里吃垃圾食品，从而对健康造成极大的破坏。为了打败他，现在的我将会扔掉所有的垃圾食品，不留一点在房间里。此外，我还要买一些小胡萝卜和鹰嘴豆泥来作为代替。

将来的那个我会在运动健身的时候说"我太忙了，不能每天运动"，从而对健康造成极大的破坏。现在的我会将运动排成早上的第一件事，以此来打败他。而且，我会一起床就穿上运动服，在运动结束前我是不会去看邮件的。

将来的那个我会想"事实上我还是很健康的，和那些商场里的绝大多数人相比，我看上去还不赖，而且我的血压和胆固醇指标还可以"，这样就会破坏自己锻炼的计划。现在的我会告诉我的女朋友，只要我哪一天没有上跑步机跑步，她就可以用手捏我松弛的肉——"啪"，这会让我觉得很尴尬，也很恶心。

我的一位朋友通过一种极端的方式，来对付那个 5 分钟后的自己。为了实现她的节食目标，只要她在餐馆里点的菜里附送一份薯条，她就会打开盐罐，把所有的盐都撒在薯条上。她学着不去相信自己会有毅力不去吃薯条。她那个 5 分钟后的自己可能会说："我只吃一根。"然后我们都知道将会发生什么。

那么你将要怎么对付将来的那个你呢？

◎拖延症克星之二：痛苦和愉悦

归根到底，我们在早上不能够从床上起来去完成我们的任务，还是因为我们的梦想不够大。它们还不足以构成我们的动力。动力，其实是可以被理解为痛苦与快乐的。对于那些你总是拖延的艰难任务，想一想为什么要做它们，甚至可以在脑海里想一想那个画面：

> 做这件事我能获得怎样的乐趣呢？
>
> 如果我不做的话，会感到怎样的痛苦呢？

我制定的其中一项目标，就是每天运动锻炼：瑜伽伸展、柔韧性训练以及跑步。我需要把那些痛苦和愉悦的感觉都堆在脑海里才能真正地锻炼："为什么我要运动？因为我想看上去状态更好，我需要通过腹肌来定义自己（拜托，谁不是这样的呢），我想要

高度的活力，而且我相信心血管的运动可以
促进头脑健康。"

如果不锻炼的话，我会承受怎样的痛苦
呢？我会想象到自己松弛的啤酒肚（有的时
候我都不需要想象）。如果不做瑜伽里的鸽
子式，我可以想象到膝头莫名的痛。我会想
象自己像个失败者、死宅，一点活力也没有。
我甚至想象到不进行锻炼，是对我女朋友的
不尊重。

这些心里的活动听起来很极端吗？如果
我觉得动力不够的话，我会在脑海里不断想
这种痛苦和愉悦的循环，这对我下定决心做
事情是极有帮助的。

◎拖延症克星之三：可靠的同伴

我儿时的朋友科特，长大以后成了一位
体育心理学家。他告诉我预测一个人能否坚
持一项锻炼的第一关键，是看他是不是和别
人一起做这件事。

这个人可以是你的邻居，你们每天早上
6 点慢跑的时候能遇到。这个人可以是一名
专业的教练，你付他 50 美元 1 个小时去你

家监督你锻炼。这个人也可以是你的老板，他喜欢每天中午打篮球。它也可以是一个体重监管俱乐部，你每周去那里测体重。当然，他也可以是学校里的一位学习伙伴，或者是一位时刻监督你、对你负责的好朋友。

这一方法之所以有效，是因为当我们拖延的时候，我们仅仅在打破一个对自己的承诺；但当我们打破一个对别人的承诺时，就会感觉更糟糕。

◎拖延症克星之四：奖励和惩罚

有一些我认识的人，对于"奖励贿赂"这一方式反应很好——哪怕这些奖励金额就是由他们自己控制的！

有一位朋友对她自己说，只有当她付清了信用卡的钱后，才可以奖励自己买一双昂贵的鞋。另一位朋友买了昂贵的酒之后不会喝，而是只有当体脂下降到一定百分比时才可以喝。

但是除了这些"胡萝卜"，也不要忘记"棍棒法则"。从人类心理学上来说，比起去获得东西，人们更怕失去东西。所以，除了当自己实现目标时奖励自己，你也可以在一个目标失败后惩罚自己。

StickK 公司建立了一个网站，在这个网站上你可以签订"承诺合同"。你可以选择你的目标和处罚金额，当你没有达成目标时，你选择的慈善机构将会收到你的捐赠。在我写这本书的时候，已经有超过 1400 万美元被设立为违反目标的处罚金。

当然，你并不需要一个很华丽的软件来实行这一战略。你可以向你的朋友们许下承诺，给他们 100 美元，或者无论多少钱，只要能够让你心疼就行了，并且分享你的目标。如果你接下来没有跟着你的目标来做的话，他们可以把钱扣下，或者是捐给慈善机构。

◎拖延症克星之五：向理想中的自己进发

行动。就是这样，行动。

必须要承认的是，这一点会比较深刻。它和我们的自我身份认知有关。我们都通过努力工作，来使我们和自己认为的自己保持一致。

很多情况下，我们逃避任务是因为我们还没有想成为自己想努力成为的那个人。我们可以想象自己未来的理想样子，但有时候

现在的状态，例如窝在沙发上看电视，感觉
更好。一个不同寻常但很有效的策略就是和
自己谈话（大声说或者是悄悄在脑袋里说），
把自己当作是那个理想中的自己：

> 我是一个健康的饮食者。我是一个
> 慢跑的人。我是公司里的头号销售代表。
> 我是一个很整洁的人。我是一名畅销的
> 作家。我是一位企业家。

和自己说话这样的做法是为了确立自
己的价值。如果你已经是一名慢跑者的话，
那么一天不跑步你就会觉得难受。如果你是
一名作家，那么你今天就会坐在电脑面前写
作——这就是作家们做的事情。如果你是一
个健康的饮食者，那么你在机场肯定会打包
一份沙拉而不是一片比萨。

去做你想成为的人，这样的话只要你拖
延着不去完成自己的任务，就会感觉很糟糕、
不舒服。

◎拖延症克星之六：足够好的目标

有的时候，我们会发现开始做一些事情很简单，但我们会拖着不完成它们。一种解决方法就是，设立一个不那么完美的目标。

拖着那个三公里的慢跑？好吧，穿上运动服去外面绕着街区跑一圈……这就足够好了。也许就这样了，也许你跑完了街区以后还会继续跑。

拖着写不完那本书？好吧，先逼着自己完成一稿……你可以之后再回头审阅校对。

拖着做不完你的新产品？先将它投放到市场，哪怕它不是完美的，之后的每一次更新再让它日趋完善。

一旦你开始做什么事情，一旦你同意不完美也是可以的，你反而会有更加强烈的动力来完成它。

◎如果你是一名……这要怎么实现呢？

企业家：克服拖延症来完成舒适区之外的工作。

主管： 克服拖延症能使你与你的直接下属进行困难的建设性谈话时更有效率。

自由职业者： 克服拖延症能使你每天多出更多工作的时间。

学生： 克服拖延症能使你更快地完成课程项目。

家长： 克服拖延症能使你最终将你的房子布置得井井有条——这样你的心里就会更加平静了。

秘诀四

当你认识到要怎么打败将来的自己——那个不能信任的自己，拖延症就是可以被克服的。

你知道这周要做什么？你怎么能确保自己不拖延呢？

第 8~9 天　零负担准时下班

顶极精英们为什么看上去总是那么冷静、无压力，总能在任何时候都展现最好的一面呢？

美国共和党政治战略家卡尔·罗夫在《华尔街日报》上写过一个专栏：

> 这一切都开始于 2005 年新年的夜晚。布什总统问我的新年决心是什么。我说作为一名抛弃了阅读习惯的读者，我 2006 年的目标是每周读一本书。3 天以后，我们在白宫办公室，他看到我时说："我读到第二本书了，你读到哪里了？"布什先生将和我来一场比赛。
>
> 那么结果如何呢？
>
> 在那一年的年底，我打败了总统，110 本书对 95 本书。我的战利品看上去很像是青少年保龄球决赛的奖品。总统坚持说他输是因为作为一个国家的领导，他太忙了。

一个国家的领导有空一年读 95 本书?

◎雪莉·桑德伯格会准时回家吃晚饭

让我们来看看这些顶尖商界领导的习惯:

> 脸书 CEO 雪莉·桑德伯格每天下午 5 点半会下班,这样她就可以在 6 点钟和孩子们一起吃晚饭了。
>
> 前英特尔公司的主席安迪·格罗夫会在早上 8 点工作,下午 6 点下班。每天如此。
>
> 维珍集团创始人理查德·布兰森的旗下有超过 400 个公司,但他却经常外出,去自己的私人小岛度假,或是作为一名冒险者打破一些惊人的世界纪录。

你不觉得这很惊人吗? 他们是怎么做到的?

当我第一次读到布什总统的故事后,我感到很震惊。你知道,作为美国的总统,他是有很多事情要做的，对吗？即使到了很晚，还会有很多的外国领导打电话来，还有很多中央情报局的简报要读，还要去拜访很多选举活动的捐款人，还有很多的伤员要去慰问，还有很多投票人要召集，还有更多，更多，更多——直到他任期的最后都是争分夺秒。他只有很有限的时间属于自己！但是，他却找到时间在一年内读了 95 本书。

　　道格·科南特，担任金宝汤的 CEO 10 年，每天手写 20 封感谢信。你可以想象到一位全球财富 500 强的 CEO 要承担多少责任吗？总是有更多的邮件要读，更多的电话要回复，更多的报告要看，更多的会议要参加，更多地考虑未来，然而……道格每天还能沉静地手写 20 封感谢信。

　　在我还年轻懵懂的时候，我当时正经营着一家公司，这家公司是某个大集团下的一家分公司。我的公司每年营业规模都会翻倍，每一天的时间都觉得不够用。我还记得自己在公司过道里真的是一路小跑着的，为了能尽快回到我的办公室。

　　但是，我的事业伙伴，也就是我的老板——内尔，他监管着我的公司和其他 11 家分公司。他却总能优哉游哉地，总有时间去讲一些有趣的笑话或者是故事，而且也花很多时间在当地的高尔夫俱乐部娱乐。

谁还会有时间打高尔夫？我过去常常对此感到疑惑。

◎平衡愧疚感的秘诀

安迪·格罗夫在他《给经理人的第一课》一书中透露了这一终极秘诀：

> 当我觉得累了或者是准备好回家时，我一天的工作就结束了，而不是当我完成了我的任务时这一天才结束。我从来都做不完我的事，就像家庭主妇一样，一名经理的工作也是永远做不完的。总是有更多的事情要去做，更多的事情应该去做，总是有更多的事情可以去做。

其秘诀就是这个：

> 总是会有更多的事情要做，也总是有更多的事情可以做。

有些概念，一旦你真正理解，就会让你的生活发生翻天覆地的变化。这个概念就是其中之一。

我还记得读安迪·格罗夫的书时，它就像一吨砖块砸醒了我。

在很长的一段时间，我都任由我的任务清单支配着。"对不起，我不能回家吃饭了，因为我那个报告还没有做好。"

我从来没有健过身，也漏掉了很多餐饭，然后我就去随意吃点快餐。我的生活是单调乏味的——只有工作这一个方面，甚至就在工作这一个方面，繁忙的工作节奏也把我压得喘不过气来。

极其成功的人士不会为了完成了清单上的条目而无止境地消耗自己的时间。相反，他们会考虑紧急重要的事情，为每件事安排好时间，然后够了就是够了，不会永无止境。

乔治·布什很重视每周读两本书这件事情。因为这是一种减压的方式，也能使人变得更加睿智，或者说只是单纯为了娱乐。他知道学习和"充电"是很有价值的任务，他不会让一些所谓"紧急"的事影响读书这一计划的。

雪莉·桑德伯格明显很重视和家人一起

吃晚餐，并且将这件事安排在日程上。的确，她要将脸书的成功最大化，但她与她孩子关系的"成功"更重要。

理查德·布兰森很重视乐趣和冒险，并且相应地对这些事项做了安排。而且，他很机智地将这种冒险融合到了维珍这一品牌的建立。

研究表明——

有固定时间下班的人，在夜里比较不会仍旧"在线"。（来源：克鲁斯集团调查，2015）

◎你需要对所有人的所有事负责吗？

杰西卡·特纳，《时间边缘：为你创造时间》的作者，调查了超过 2000 名女性，让她们去形容作为女性最艰难的部分。得到的共同回答是："需要对所有人的所有事情负责。"

在这一点上，特纳结合了自己的亲身经历，她除了是一名作家，还运作着一个名叫"创造力妈妈"的博客，这个博客非常受欢迎。她还有丈夫，有 3 个不到 6 岁的小孩，她还要去维系好自己的人际关系。她认为，这些多重角色事实上是不健康的：

对于女性来说，"取悦人的病"会在方方面面对你产生破坏。我们是天生的养育者。我们想要帮助、想要爱别人。但有时候我们的行为并不是出于爱，而是为了取悦别人。

这一现象和追求完美的病症相关。将我们自己的价值依附在别人对我们的看法上是很危险的。

很多人都感到很惊奇——我，一个男人，竟能够联想到特纳在她书里讲的东西上去。也许这是因为我是一位单亲父亲，而且我习惯了做家务。无论什么原因，我都会花很多时间在一些真的不重要的事情上。

最近，我的财务顾问告诉我，他正好在我家附近，想顺便来我家跟我讲讲关于我财务的近况。这是高级服务的一种标志，我对此很感激。

但我脑子里立马想到：我是不是应该煮一壶咖啡？冰箱里有可乐吗？如果他喝无糖可乐怎么办？我有吗？如果我们在厨房里见面——我需要清理厨房的台子。他对猫过敏吗？我应该把它们锁在地下室里……

他打来电话以后，我这样想完全是很愚蠢的。有很多原因：

1. 他是为我工作的；只要我付他钱，他就要为我提供服务。

2. 比起我的厨房，他了解我更重要的东西——我的净资产。

3. 我将房间整理得那么干净，他也许会对我产生敬畏！

4. 他认识我，我确定他会依据我的价值和人品来评价我，而不是我待人接物的能力。

想要良好的言行举止和想要很好地招待朋友是一回事，但想着自己一定要表现得完美就是另一回事了。你不需要为来访者的到来里里外外准备半个小时，相反，你只要跟他们打招呼的时候面带微笑，并且问一声："要我给你拿点水吗？"就可以了。

正如特纳在她的书中所说：

你绝不会忙到没有时间去做你自己热爱的事情。这只是一个优先权的问题——反思一下你是如何度过你的一天的，然后将时间投入到你所重视的事情上去。如果有一些事情对你来说真的很重要，你会找到将它融入你生活的方法的。

◎醒醒！事情是永远都做不完的

在每个领域总会有更多的事情要做：

> 你总是可以在工作上多干一些活。
> 你总是可以整理更多的房间、清理更多的柜橱。
> 你总是可以在院子里干更多的活。
> 更多，更多，更多！

所以，你需要掌握放弃一些事情的方法，因为总会有更多的事情要去做。

一旦你掌握了这种方法，你会发现想要找时间去健身变得更加容易了，回家和家里人多待一会儿更加容易了，将时间没有负罪感地花在自己身上也更加容易了。

◎如果你是一名……这要怎么实现呢？

企业家：在意识到总会有更多的事情要做以后，你就可以花更多时间陪伴家人和朋友。

职场人士：在意识到总会有更多的事情要做以后，你就会常去健身房锻炼了。

自由职业者：在意识到总会有更多的事情要做以后，你会花更多时间学习新的技能，并且有战略地考虑自己的未来。

学生：在意识到总会有更多的事情要做以后，你会为进步而满足，而不执着于完美了。

家长：在意识到总会有更多的事情要做以后，你会每天给自己 1 个小时的时间来阅读、运动，或者做手工了。

秘诀五

总会有更多的事情要去做，总会有更多的事情可以做，要接受这一事实。

当你最终接受了你不能完成所有的事情——因为总会有更多的事情可以被完成这一事实，你会感觉好多了吗？

第10～11天　抓住那些了不起的灵感

如何使你的大脑安静下来？如何抓住那些了不起的灵感？

◎理查德·布兰森最重要的财产

理查德·布兰森先生可以说是我们这个时代最著名的企业家。作为维珍集团的创始人，其公司现在拥有超过 400 个子公司。据报道，布兰森现在身家为 48 亿美元。

当被问及对于他来说最重要的物品是什么时，布兰森给出了这样的答案。在 2006 年 5 月的一次采访中，他说：

> 这听起来也许很可笑，但对于我来说最重要的一件物品就是背包里的小小的笔记本。我旅行时首先想到要带在身边的东西就是这个笔记本……没有这一页页的纸张的话，我也绝不可能将维珍集团扩建到如今的规模。

布兰森在他的博客中公开自己记笔记这一习惯。他写道："如果你有一个想法但不马上写下来，那么第二天早上这个想法也许就会永远消失了。"有一次，当他想到一个关于生意的想法时，手边没有笔记本。所以他就把它写在了护照上！

◎亿万富翁亚里士多德·奥纳西斯的建议

希腊船舶巨头亚里士多德·奥纳西斯曾经在一次采访中分享了他的"价值百万的一课"：

随身带一个笔记本。当你有一个想法的时候，就把它写下来。当你见到了一些新的人，把你对他们所有的了解都写下来。这样一来，你就知道在他们身上花多少时间是值得的。当你听到一些有趣的事的时候，把它写下来。将这些事写下来，会使你据此来行事。如果你不写下来，那么你就会忘记。这是你在商学院里学不到的、价值百万的一课！

◎吉米·罗恩的三样珍宝

白手起家的百万富翁、传奇般的成功教练吉米·罗恩经常写到或提到关于记笔记的强大力量：

如果你很认真严肃地想要变成富有、有权力、老练、健康、有影响力、受过良好教育和独特的个体，那么就记笔记。

记笔记是很重要的。我将其称为需要留给后代的人类三大珍宝之一。

第一件珍宝是你的照片。拍尽可能多的照片。

第二件珍宝是你的图书收藏。这一收藏能够教育你、指导你，帮助你定义你的理想，帮助你发展自己的人生哲学。它让你变得富有、有力量、健康、老练和独特……

第三件珍宝就是你的笔记：那些你精心收集的思想、讯息。

但是，在这三样珍宝当中，记笔记是最能表明你是一名认真的学生的标志之一。

◎实战训练：如何记笔记

"人类的艺术"这一博客上有一篇伟大的文章。这篇文章里展示了20位名人的笔记本的图片，其中包括马克·吐温、乔治·巴顿、托马斯·杰斐逊、查尔斯·达尔文、乔治·卢卡斯、欧内斯特·海明威、路德维希·范·贝多芬、本·富兰克林、托马斯·爱迪生、列奥纳多·达·芬奇、弗兰克·卡普拉，以及约翰·洛克菲勒。

虽然你可以看到很多不同风格的笔记和书写方式，但这些笔记本都展现了一个共同点：这些伟大的思考者们，都会将自己的观察、想法，或是马克·吐温式的笑话记录下来。

首先，选择什么样的笔记本是最好的呢?
不同的人可以有不同的尝试：

很多富有创造力的目标追求者会使用 Moleskine 笔记本。我自己也在用这种。这些高质量的皮面本子生产于意大利，价格在 9 美元到 25 美元不等。

有一些 Moleskine 品牌的粉丝正在转向使用生态系统（Ecosystemlife）这一品牌的笔记本，其中包括迈克尔·凯悦（Michael Hyatt）。因为他们使用可循环的纸张，在美国生产，每一页都有装订孔。

有很多年，我都倾向于使用昂贵且非常书呆子气的布鲁姆和皮斯（Boorum & Pease）这一品牌的笔记本。它的封皮采用硬板纸，有 300 页，可以用很久，厚到可以立在书架上，也十分突出——而且大到我不会找不到。

作家兼企业家，詹姆斯·阿图彻推荐服务生使用的那种便笺簿，每一本 10 美分。他解释说，这些簿子大小刚好，而且也是一个很好引起话题的物件儿——它会向人们展示你有多么节俭。

注意，没有人推荐黄色的法律便笺簿或者是松散的纸页。因为它们很容易在一堆东西中弄丢，或者被损坏。笔记本的目的是持久保存。

用他们的话说——

我使用 Moleskine 笔记本，我去哪里都会带着它。我会在上面记一些训练笔记，我也会在上面做工作计划。在我家里，有一个书架上摆满了这种用过的旧笔记本，因为我时常要拿出来再看一下。

——萨拉·亨德肖特，美国赛艇运动员，参加了 2012 年伦敦奥运会和 2016 年里约奥运会

◎用手记笔记，而不是用笔记本电脑

使用纸质的笔记本比使用笔记本电脑、平板或者智能手机记录更好。

让反对者放马过来吧！

首先，如果你有阅读障碍或是其他的学习缺陷，只能通过输入电子设备的方式记笔记，那么你就这样做吧。这不是一项罪状，我也不会因此让世界上的人对你产生偏见，反对你。

但是，如果你仅仅比较喜欢电子设备，仅仅认为我是一个过时的反对机械化的人，那么我会建议你去看一篇有趣的文章，名叫《笔比键盘更有力》。这一篇文章于 2014 年发表在《心理科学》刊物上。

帕姆·穆勒和丹尼尔·奥本海默是普林斯顿大学和洛杉矶加利福尼亚大学的心理学家，他们在 327 名本科生身上做了实验。在其中一项研究中，学生们被要求看 TED 演讲，同时做笔记，30 分钟后参加一个测试。使用笔记本电脑记录和手写记录的人在关于一些问题事件性的回答上得分一样。而在概念性的问题上，使用笔记本电脑的人表现

用他们的话说——

我使用"子弹笔记"来作为我组织要做的事情的系统。它使得我的主意、想法和其他重要的日程事项受控于我的指尖。我非常建议大家记笔记，因为值得记录的生活才是值得过的生活。

——奥纳丽·科德，作家、发言人

不佳。

他们注意到，使用笔记本电脑记录的人只是在描述这个演讲讲了什么而不是在记录关键词。穆勒和奥本海默做了第二项研究，特地要求使用笔记本电脑的学生用自己的语言记笔记。结果还是一样的，手记笔记的学生在回答问题时表现更加突出。

关于笔记本电脑记笔记的一个争议是，它能使你的笔记更加完整，这使得你今后需要用到笔记复习时更加方便。换句话说，你会有更多未经加工的材料可以拿来学习。所以研究者做了第三次研究，在这次研究中，学生们在一周之后再参加测试，在考试之前有时间学习。再一次，手记笔记的学生得分更高。

这一项来自普林斯顿和加州大学洛杉矶分校的最新研究，刚好证实了学者们过去的发现。手记笔记需要听力、认知过程和回忆等一系列过程的共同参与。用笔记本电脑记笔记的人，倾向于机械化地将听到的词记下来，而没有经过自己头脑的处理。

而且不要忘了，如果你想要一个电子的、可搜索的所有笔记存档，你完全可以将它们扫描进电脑里。

用他们的话说——

虽然有很多软件可以很好地帮助我们提高效率，但是我还是更喜欢将计划写在 Moleskine 笔记本上。

——娜塔利·麦克尼尔，获得过艾美奖的媒体企业家，同时也是"她向世界发声"网站的创立者，及《征服工具箱》（Perigee 出版社，2015）的作者

◎我个人的笔记系统

现在有很多独特的笔记系统——人们会剪一些小标签粘在旁边，或者是使用精密的分类系统。也许，你能够从我的"凯文和克鲁斯的 Moleskine 天才系统"中获得一些灵感（好吧，这个词是我自己造的，我的笔记系统并没有一个华丽的名字）。对于我来说，笔记本做得越复杂，我使用它的可能性越小。所以就简单点：

1. 给你自己准备一个全新的笔记本（我又转回去使用 Moleskine 品牌的笔记本了）。这个笔记本拿在手里是不是感觉棒极了？

2. 给你自己准备一支百乐的 G2 水笔。它们很便宜，写起来也很让人愉悦。我也喜欢三福的无尘圆珠笔。

3. 在笔记本的内页附一张自己的名片。这样一来，如果你将它落在会议室或者飞机上，就会有一个好心人把它送还给你。有一些人会写："如果你捡到了这个笔记本，请打电话给我或者发邮件给我。我会给一定的报酬作为答谢！"

4. 在笔记本的内页写下当时的时间。这样一来，如果以后你要找某次具体会议或事件的笔记就很好找了。有的人喜欢用三福的笔在纸张边缘写下会议开始的日期，这样一来不用翻开笔记本也能看到了。

5. 把所有事情都记下来，所有你不想忘记的事情。把你临时的富有创造性的想法记下来：关于你要写的书的一些新主意，你要新建的公司，你想研发的产品，新的目标市场，关于给家人礼物的一些想法，未来度假的目的地，餐馆的推荐，一瓶极好的红酒，你未来孩子的名字，无论什么东西！把所有的东西都写下来，这样你既不用担心也不用紧张忘了什么事情。

6. 无论什么时候你听到了有建设性的建议或者是有启发性的格言——无论是你听人说的还是你在看书时读到的——在书的背后写下来。保存这些记录在书背页上的智慧，这样它们就可以留在一处地方，以后也方便回顾。

7. 在每次电话或者是会议开始之前，把日期、时间、和你谈话的人的名字写下来。把通话中所有信息都记下来，尤其是一些后续事项或者是人们做出的承诺。

8. 如果你是第一次见一个人，画一张会议桌的表格，写下他们坐的位置，通过这种方式来帮助你记住他们。记下会议上的内容，并不意味着你要把会上所有内容分毫不差地记下来。你不是一个统计员！只要试着记下关键目标、行动、下一步的计划，最后进行总结。

9. 当你写满了你的笔记本，在第一张的内页写下结束的日期。这也是为了以后你可以在自己书架的一排笔记本中准确找到它的位置。

10. 将书放在之前做的笔记的旁边。这将会是你整场阅读的详细记录！

11. 每年新年的那一天，形成一个传统——去回顾一下前几年的笔记。你会惊讶于能从这些笔记中再次学到很多东西，它们也会提醒你所取得的所有进步。对于那些本年度你想要回顾的内容，只要把它们重新写在你新的或当前的笔记本里就好了。

我还会使用一些速记符号来使自己"自由派"的笔记更清晰。

我会在要做的事旁边画一个框（□），代表我会尽快将这件事安排到我的日程表上。

我会在一件事旁边画个圈（○），代表它将会出现在之后的日程表上。

我会在一件事旁边打个感叹号（！），代表着这件事需要一些后续行动。

我会在一件事旁边打个问号（？），代表着我会在会议结束的时候对此进行提问。

我会在一件事旁边打个星号（＊），代表着这件事很重要，或者是一个活动的关键主题。

◎如果你是一名……这要怎么实现呢？

企业家：一个笔记本可以帮助你记下会议上同事们做的承诺。

职场人士：一个笔记本可以帮助你记下一年中完成的所有事。

自由职业者：一个笔记本可以帮助你记下关键的客户职责。

学生：一个笔记本可以帮助你抓住课堂上的重点内容。

家长：一个笔记本可以帮助你抓住每天要做的事项。记住，你可以在晚一些的时候，将这些再回顾一遍并转移到你的日程表上去。

秘诀六

总是带一个笔记本。

当你开始把所有重要的事情都记在笔记本上的时候，你会减少很多压力。

第12天

清空你的邮箱

如何快速清空你的邮箱，并且避免它干扰你真正有效率的工作？

◎邮件是一种认知"老虎机"

根据麦肯锡全球机构的一项调查，办公室职员们每天花费 2.6 个小时在阅读和回复邮件上，占据了一周 40 工作小时的 33%（好吧，好吧，现在没有人一周只工作 40 小时了，但毕竟还是占据了一周工作时间的很大一部分）。

很显然，人们在工作的时候花太多时间在邮件上了，作为专业性交流的主要形式，人们很难去忽视邮件的存在。但是，你也要对被邮件过度支配的自己负责。

你的大脑使用邮件以及所有社交媒体时，就像是被认知"老虎机"所控制。这种感觉就好比在拉一个把手，会让人产生一种期待，这种期待使得你在检查有没有新邮件时感觉很好。然而绝大多数时候都是徒劳，那儿什么也没有。但偶尔，"叮叮叮"的声音会令你兴奋，"哦，看！一篇有趣的文章！"或者"哦，这个人的问题我仅仅用 5 分钟就可以回答！我是多么有用和高产啊！"

邮件"老虎机"每出现一次相同的三个图案，我们的大脑就会分泌一些多巴胺："啊，那种感觉好极了！"这也会使我们不断回过头来检查有没有新的邮件，一遍又一遍。是的，你收到太多邮件了，所以你需要处理这件事。

◎七个步骤来掌控你的邮件

取消实时通信邮件。算了吧！你真的需要订阅所有的网站吗？那些每日的折扣消息？那些病毒性的标题？不要让这些公司挤进你的生活，扰乱你的节奏，或者让它们的产品诱惑你。它们都试图挤进你的脑袋，如果它们不能出现在你的邮箱里的话，这一目的就无法得逞！只要点进你的邮箱，然后搜索"取消订阅"，就能将这些所有的广告推送都退订。你还可以点进一个很酷的网站叫作 www.unroll.me，它能够很轻松地帮你退订这些垃圾邮件，还会将那些你需要的邮件放进一个大的日常邮箱里。

关闭所有的邮件消息提醒。 邮件并不是一种很紧急的沟通形式，尤其是当今这样的时代。我们每天会收到 50 到 500 封邮件，这样的情况下接收邮件消息提醒可以说是在遭罪。消息提醒会干扰你的注意力集中、你的工作冲刺，以及你在会议和交谈中本应该展示出来的能力。无论你的消息提醒是"叮"的一声，还是手机振动，或者是弹出来的小窗口……把它们全部关掉。

每天只检查三次邮件，使用"321-0"方法。 每天安排三次时间来处理你的邮件（早、中、晚），设一个 21 分钟的闹钟，试着在 21 分钟内将邮箱清空到零。可以把这个当成一个游戏。基本上 21 分钟是不够的，但这样会使你更加集中，也确保你回复简短，不会受到其他邮件的干扰。

马上实行"4 个 D"原则。 每次当你打开邮件的时候，你应该准备好办理（Do）它、委派（Delegate）它、推迟（Defer）它或者是删除（Delete）它。

如果你"推迟"一封邮件，那么绝大多数情况下，意味着你须马上在日程表上添加一个条目——将邮件移到日历上（记住，不是待办清单上）。

当你在考虑"删除"时，绝大多数的情况下，你其实应该将它存档。现在这个时代，互联网上有着无尽的储存空间，很容易点击存档按钮将绝大多数事情解决，你知道如果将来想要用了，你可以使用搜索功能将它们找回来。

除了这四个原则，你还可以考虑将其**归入档案**。在我看来，这就是另一种形式的存档，但它很有用，尤其是当你担心下次找不到这些邮件的时候。只要为你的所有项目、客户，甚至是一些很疯狂的东西，比如为"某天回复"建一个文件夹，然后将相关主题的邮件拖到这一个文件夹里去，就可以使得你的收件箱既美观又整洁。

在你发送、转发或是抄送邮件时要三思。《华尔街日报》2013 年 8 月 9 日的一篇文章中写道，具有全球影响力的人会提醒他们的职员在发送和转发邮件时三思，因此而减少了 54% 的邮件。有的时候，我们发送邮件或是转发邮件给一些人只是为了让他们保持在"消息圈内"，但事实上，这样做也在加重信息过载的问题。记住，你的每一次发送和

用他们的话说——

> 如果你任由会议、电话和邮件"胡作非为"的话，它们可以将你的一整天都毁掉，然后让你只剩下甚少的一些时间来为大事思考……取消你不需要的会议。每天只检查邮件几次。

> ——约翰·伯杰，宾夕法尼亚大学沃顿商学院的一位市场学教授，也是关于流行方面的书籍《为什么它们会盛行》的作者

你会如何制订一个高效的工作计划？简单：选择你要做的事情，而不是让其他事情来安排你。然而绝大多数人都在做着相反的事情，他们有一个简单的（糟糕的）习惯：他们每天早上醒来的第一件事情就是检查邮件……这就意味着他们的关注点和精力都要被其他人支配，而不是做对于他们自己影响最大的事情。

——丹尼·伊尼，市场培训公司"火极"的创始人，畅销书《乱写！》和《观众革命》的作者

转发邮件都意味着你很可能会收到回信。要是你少发邮件，那么你相应地也会少收到一些邮件。

在主题栏写明要求的任务。一个理想的主题栏不应该只包含邮件的主题，还应该包含这封邮件需要采取的行动。这可以帮助收邮件的人用更少时间来处理你的邮件；而且他们也会学着这样来给你发邮件；这个主意是让你用有效信息填充你的主题栏。我自己喜欢将这部分单词全部大写，以此使其在其他信息中更为突出。下面是一些例子：

"仅供参考（FYI）：［主题］"——当你仅仅是为了礼貌性传达信息时，可以使用"仅供参考"（For Your Information）这个字眼。

"行动截止［日期］：［主题］"或者"［日期］前完成"——当你需要接收邮件的人有所行动但不是向你报告时，使用"行动截止日期"这样的字眼；当你在向一个会向你报告工作的人发出指令时用"请速办妥"这样的字眼。

"NRN：［主题］"——NRN表示"不需要回复邮件"（No Reply Needed），这种方式可以减少礼貌性的

邮件,他们通常会回一个"谢谢"或者"看上去很有趣"或者"我下个礼拜会看的"。

"[主题]EOM"——这是我个人最喜欢用的一种,EOM(End of Message)表示"终结信息"。它可以让你把超级短的消息放在主题栏中。EOM告诉收件人,不必要打开它了,因为所有的信息都在主题栏里了。

让邮件简短——实实在在的简短。你需要意识到简短并不意味着粗鲁;这事实上是尊重别人时间的一种表现(与此同时也是在尊重你自己的时间)。

现在,甚至有一种行动显示我们将邮件看作和短信息相似了。"五句话"这个网站,就建议你把所有的邮件都缩短到五句话甚至更短,然后加一个脚注来引导收件人到这个网站查询更多信息。

用他们的话说——

如果用十个字就可以解决的事情,为什么还要用一百个字呢?无论是在一封邮件、一个报告、一个展示,或者是一次游说中,越简洁的信息越有利。

——内奥米·西蒙森,红色气球公司的创始人,《过你喜欢的生活》的作者,澳大利亚《鲨鱼坦克》节目的投资嘉宾

◎怎样在10分钟内将收件箱清空?

我朋友克里斯丁的邮件箱里有1000多封邮件,绝大多数还都是未读的!也许你也

是这样的？

如果你发现自己也是这样的话，那么你也许需要清理收件箱，而且在运用这一章节的邮件管理方法之前，你有必要将邮件清空。

我的建议是：

1. 处理 48 小时之内的所有邮件。

2. 创建一个文件夹，命名为"旧邮件"。

3. 将所有的躺在你邮箱里的邮件移到"旧邮件"文件夹里。

4. 好了，你现在就是处在"零邮件"的状态了。

这是不是一种自欺欺人呢？也许吧。

你难道不能将你所有的邮件存档吗？而不是像这样创建一个新的文件夹。是的，你不能。

但是，你之前为什么不将邮件删除或者存档或者归档呢？为什么它们还一直躺在邮箱里呢？绝大多数人告诉我，他们害怕有些很重要的东西以后再也找不到了。他们好像不信任归档这一功能，或者是不知道如何使用它。所以，一个简单的办法就是创造一个你自己命名的文档，然后将所有的东西都移

用他们的话说——

使邮件保持简短而贴心。在过去几年中，通过自我训练，我现在可以写三句话的邮件，舍去没有价值的东西，只保留最核心的要点。这不仅替我自己节省了时间，也替我的收件人节省了时间。

——瑞恩·霍尔默斯，互随媒体的创始人及 CEO

进去。享受这种做法吧！

◎ 如果你是一名……这要怎么实现呢？

企业家：保持你邮箱的整洁会帮助你减少压力，而且帮助你花更多时间在产生效益的活动上。

职场人士：在邮件上少花时间，能帮助你花更多时间在具有优先权的事情上。

自由职业者：在邮件上少花时间，能帮助你花更多时间在提升技能上。

家长：减少你收到的邮件数，可以帮助你将时间变得更高效。

秘诀七

邮件这件东西很容易将别人的优先事项带进你的生活；控制好你的收件箱。

你准备好承诺每天检查邮箱不超过三次了吗？

第13天　会议缩减法

可以马上将你花在会议上的时间缩短三分之一吗?

你最近参加了一个很了不起的会议?多数人并不这样觉得。绝大多数会议的组织都很糟糕,设备也很糟糕,极其没有效率。

Clarizan 公司在 2015 年做的一项调查显示,35% 受调查的人表示他们参加的会议浪费时间。如果有 12 个人坐在一起开一小时"浪费时间"的会议,那么实际上他们浪费了 12 个小时!这浪费的 12 个小时的产出时间,通常只是用来展示或者回顾一些信息,而这件事情分明可以通过一个不同的方式在几分钟内完成。

然而,据南希·克恩公司的统计,每天有 1100 万个会议在美国召开!

◎会议为什么很糟?

为什么绝大多数的会议都那么糟糕?

会议开始得比计划晚。无论是由于缺乏专业性，还是由于很多人真的被上一场会议拖住了，绝大多数会议都会被延迟。这仿佛变成了一种文化现象，会议开始得晚使人们与会时间也会晚。当人们知道会议在准点的5到10分钟内不会开始时，他们就不会准时出现了。当有一打人、几百人，或者上千人的组织坐在一起等其他人到来时，这些时间加起来占据许多个小时。

会上有一些不合适的人。原本的想法可能是"一旦有疑问了，就邀请他们参加会议"，但这事实上是在浪费被邀请人的时间（而这些人有可能没有勇气说"不用了，谢谢"），如果让他们提问或者提供不专业的答案，那么这对于会上所有其他的人来说也是在浪费时间。

帕金森的"琐事定律"。这一定律也被翻译为"芝麻绿豆定律"。它是在说组织通常将绝大多数时间花在琐碎的小事上，而将极少的时间花在最重要的事件上。讲一个故事：某协会要做出几个决定，而这些决定事关一个昂贵的核电站。这件事通过得非常迅速，因为这一话题太复杂了，以至于绝大多数人都没有参与权。然而，当涉及要为员工设计一个自行车车棚时，就需要花很多时间征求意见和争论，因为每个人都能理解这个小的项目。

会议不合常理地打乱一天的计划。它经常会干扰你正在做的事情，破坏你的工作状态。

会议由不合适的人掌控。由于人的天性使然，过度自信或是性格外向的人更倾向于去掌控整个会议的交流——这就可能导致那些懂得更多但不习惯分享的人在会议上不被注意。

◎马克·库班的会议准则

用他们的话说——

除非事关公司要开支票，不然永远都别开会。

——马克·库班，亿万富翁，达拉斯小牛队的老板，同时也是创业节目《鲨鱼坦克》的投资嘉宾

在我为这本书做研究的时候，试图联系几百个非常成功的人士。我知道他们一天也只有 1440 分钟，所以不回复我的邮件也是很正常的。

但是，让我惊讶的是，在我发出邮件后仅仅 61 分钟，身家亿万的企业家马克·库班就回复了我的邮件。

以他典型的直接又切题的风格，库班就时间管理方面描述了他处理会议的方式。

◎达斯汀·莫斯科维茨的无会议周三

如果你觉得马克·库班的建议有一点极端或者是不太可行的话，也许你可以每周选一天不要开会。

在本书的一次采访中，达斯汀·莫斯科维茨分享了他的"无会议周三"原则，以此来提高生产力，这一方法他是从脸书学来的。

很多人已经习惯了这一会议暂停日，并且把这一天称为"生产者日"。之所以这样说，是因为在这一天，大家都不会互相打扰，专注于处理自己的事情，有所"生产"，特别是需要在处理最重要的任务（要务）上取得进展时，这一天尤为重要。

用他们的话说——

一周中确定一天，让你及团队专注于个人的工作，不要被会议等事情干扰。在 Asana[1]，我们有"无会议周三"，以促进公司内的业务流动，提高生产率。

——达斯汀·莫斯科维茨，Asana 及脸书的联合创始人

◎如何制订高效的会议议程

如果你必须要参加一个会议，成功人士都知道，高效的会议首先要提前发布合理安排的议程。制订高效会议议程的秘诀包括：

·在开会之前向与会者寻求关于会

1 Asana 软件公司，由脸书的联合创始人达斯汀·莫斯科维茨（Dustin Moskovitz）以及脸书的前工程师贾斯汀·罗森斯坦（Justin Rosenstein）创办，主要向用户提供可以更加高效协同工作的在线软件。——译者注

议议程方面的意见，以避免突然出现新的议题，使会议偏离最初的目标。

· 明确指出会议目的。

· 明确指出谁是会议主持人。

· 确认所有受邀参会人员。参与会议的人员越少越好，但也要确保不要遗漏重要人员。在谷歌，与会人员一般限制在 10 人甚至更少。众所周知，在苹果，如果员工不能提出一个好的理由使他留在会议上，史蒂夫·乔布斯会把他们赶出会议室。

· 尽可能列出会议的议题，以便让参会人员做出决定。

· 将每个议程安排的预估时间标注在议程后，以便参会者掌握会议进度；确保预估时间是切实可行的。

◎谷歌风投的秘密武器

谷歌风投合伙人杰克·纳普提倡在会议期间用一个机械钟进行倒计时。他在参观自己孩子的教室时发现了这种特别的时钟，叫时间计时器。

老师们把这种时钟称作"神奇的时钟"。这种时钟有不同的型号——在亚马逊上的价格大约是 25 美元——时间计时器用电池供电，钟面也足够大，会议室的参会人员都能看到。红色表盘慢慢旋转，没有声音，只显示会议剩余的时间。那么，为什么不直接在手机上设一个闹钟呢？正如杰克·纳普在发行平台 Medium[1] 上写的：

> 时间计时器远比屏幕上的计时 APP 要好。因为这种时钟是一种物理装置，调节简单，而且人们不可能忽视它的存在。

玛丽莎·梅耶尔在谷歌任职期间，开会时会将投影仪连接到笔记本电脑上，在墙上投射出一个巨大的倒计时器，她因此为大家所熟知。我敢说，她在雅虎也还在用这个！

1　Medium，由推特联合创始人埃文·威廉姆斯（Ev Williams）创办的轻量级内容发行平台，允许单一用户或多人协作，将自己创作的内容以主题的形式结集为专辑（Collection），分享给用户进行消费和阅读。——译者注

◎史蒂夫·乔布斯式的会议方法

1999 年，一支心理学家组成的队伍做了一项研究，研究对象是坐着开会和站着开会的 56 组人员。其研究结果发表在《应用心理学》杂志上：

> 坐着开的会议和站着开的会议相比，时间长出 34%，也并没有做出更好的决策。

在另一个研究中，圣路易斯市华盛顿大学的研究人员发现，站着开的会议效果，远远比坐着开的会议要好。他们在《社会心理与人格科学》的报告中指出，站着开会让人们合作更融洽，更乐于分享观点与想法，参与度更高，能创造出更多解决问题的方法。

我对于自己第一次做成一项业务的画面仍记忆犹新。鲁迪·科森是一家并购公司的 CEO，我第一次去他的小办公室时，还没坐下，他就立马跳起来说："我们出去走走吧！" 30 分钟后，我们达成了 200 万美元的交易。

同样，维珍集团创始人理查德·布兰森也不是一个传统会议的爱好者。他在博客中

写道:

> 我最喜欢的一个方法,就是让大部
> 分会议都站着开。我发现这样谈生意、
> 做决定、完成交易会更快。如果有机会,
> 我喜欢更进一步,也就是散着步开会。

史蒂夫·乔布斯因为其长时间的散步开
会,而为员工所诟病,但这种方式已经被马
克·扎克伯格及杰克·多西所采纳。

◎ 10 分钟会议好在哪里

为什么所有的会议似乎都默认要持续 30
分钟或者 1 个小时? 好像是人们特意选择这
么长时间,因为这是 Outlook 日历中默认的
时间间隔。我们都知道一项工作不管分配多
少时间,人们总会下意识地填满它。

2006 年,玛丽莎·梅耶尔还在谷歌任职(她
现在负责雅虎的运营),当时她接受《彭博
商业周刊》的采访,说她一周要开 70 场会。
要想把这些会议强行安排进来,唯一的方法
就是把"30 分钟"的时间段分配给若干小型

用他们的话说——

会议或电话的默认时长，不管是对内还是对外，都应该限定在 20 分钟；比这更长就应该是例外了……即使只是把会议从 30 分钟改到 20 分钟，一天之内你也可以增加 4~6 个要参加的会议、要打的电话或者要赴的约。

——瑞安·德尔克，Gumroad[1] 创始人

会议，有时每个会议可能只有 5 分钟或 10 分钟。

理查德·布兰森经常表达他对开会的反感。在他分享的一篇博文中写道：

只有一个话题的会议竟然要持续 5~10 分钟，真是少见。

◎开会时，禁止携带手机

在商业会议中你会查收手机的短信或邮件吗？

南加州大学马歇尔商学院的研究表明，如果你的答案是肯定的，这会让你的老板和同事很恼火。他们的研究表明：

86% 的人认为正式会议期间不应该接电话。

84% 的人认为正式会议期间不应该发短信或写邮件。

75% 的人认为正式会议期间不应该

1　Gumroad，互联网创业公司，主营付费连接业务。

看短信或邮件。

66％的人认为任何会议期间都不应该发短信或写邮件。

至少有22％的人认为任何会议期间都不应该使用手机。

为什么这么多人，特别是比较成功的人士，觉得不应该在会议上使用手机呢？因为当你在使用手机时，表明：

缺乏尊重。你认为手机上的消息比会议中的对话更重要，会议之外的人比现在坐在你面前的人更重要。

缺乏专注。你没有办法做到一心多用，同时处理多项任务本来就不可能。

没有倾听。你并没有把注意力集中在需要认真听的事情上。

没有能力。你就像是现代社会中的"巴甫洛夫的狗"，手机一振，就赶快回应别人的召唤。

要想充分利用会议期间的宝贵时间，与会者应该把手机调至静音，放在口袋里，不再拿出来。

◎利用每日碰头小会减少其他会议时间

会议能越开越少吗?

多年来，我和很多顾问合作过，但只有威恩·哈尼什曾告诉过我让公司迅速壮大并取得成功的要诀。哈尼什是企业家联合会的创始人，这是一个充满传奇色彩的组织，同时他也是 Gazelles 网站的 CEO，书籍《崛起》（*Scaling Up*）的作者。他的工作经历给予他最大的体会，就是领导层的前进速度决定了企业的发展速度：只有领导层向前发展了，公司的其他部门才能跟着发展。要想确保每个成员都发展迅速且步调一致，确定会议节奏就变得至关重要——其中最重要的就是每日的碰头小会。

起初，我对此表示怀疑。

每日碰头小会，就是你和团队成员快速碰头的会议，一般安排在每天同一时间，每次不超过 15 分钟。

我很快发现，每日碰头小会一旦确立，就会减少许多时间较长的一次性会议，同时减少的还有电话和邮件，而且对包括员工参与和交叉销售在内的其他变量也产生了重大影响。

每日碰头小会应该包括以下三项：

事件——过去的 24 小时中的重要内容，特别是和其他团队成员有关的方面。

数字——检查日常指标，无论是销售、转换率或是小部件生产。

问题——你被什么东西"卡住"了吗？这可能是亟待解决的难题，需要消除的繁文缛节，抑或是需要解答的问题。

每日碰头小会一定要保持在 15 分钟以内！如果时间变长，人们就不会愿意参加了。让每个人的发言尽量简短，任何不能立即解决的、"卡壳"的地方都需要先跳过。

◎如果你是一名……这要怎么实现呢？

企业家：减少参会时间，会让你有更多的时间来提高产品质量。

职场人士：减少参会时间，会让你有更多的时间来指导团队成员。

自由职业者：减少参会时间，会让你有更多的时间来开发新客户。

用他们的话说——

"例行公事给你自由"是一句魔咒，把正在崛起的公司用的工具和方法结合在一起，其中就包括每天 15 分钟和团队成员（还有合伙人）的碰头小会。这样每人每天节省的时间加起来就有 1 个多小时，你就有机会在问题恶化之前发现端倪，抓住眼前的机会，立即采取措施，及时进行补救。"要想跑得快，节奏先加速。"

——威恩·哈尼什，Gazelles 网站 CEO

学生：学习小组真的会对写作业有帮助吗？你愿不愿意把时间留出来自己学习？

家长：为了支持家庭教师协会（PTA）、足球联赛或者其他的社区活动，你参加了几次会议？少参加几次会有什么影响吗？

秘诀八

当其他所有形式的沟通都不起作用时，安排并参加会议是最后的解决办法。

看看日程表上未来一周的会议安排。如何减少甚至不让这些会议占据你宝贵的时间？

第14天 学会说『不』

想不想要一句"咒语"，一旦写出来就能把你日历上的时间都空出来？

关键就是说"不"。

——史蒂夫·乔布斯

电子邮件、社交媒体以及短信，不仅增加了我们需要处理的信息量，也使其他人更容易向我们提出要求。这些要求通常是社交或个人性质的：今晚出去玩吗？想去放松一下吗？出去吃午饭吗？

对于商业或经济上取得过成功的人来说，"一起吃午餐""一起喝杯咖啡"的邀请每天都会涌入收件箱。

◎对时间的需求是永无止境的

这些是我在过去的 24 小时里收到的：

来自一位生意上的朋友："我们约

个午餐……"

来自一位相熟的作家："如果你对这本书有什么想法，可以在亚马逊上写个书评，那样的话我会非常感激的。可以写在这里……"

一位代理人发来邮件，想让我把她的客户列入我的"100 位最具领导力的演讲人"名单中。

来自一位我从没见过的企业家："我现在到波士顿了，这里到处都是雪，还真让我有些震惊。如果可能的话，希望能有机会和您通个简短的电话，5 分钟就可以。想和您认识一下，希望您能给点建议。"

来自当地一个经营得很好的非营利组织的领导，他通知我即将举行的筹款活动相关事宜："我希望委员会的每位成员都能售出 10 张票！"

来自当地一所大学的校长："很高兴能与您谈谈我们现在商务系的最新概况……您哪天有空可以一起喝杯咖啡聊一聊吗？"

九封来自读者的邮件，邮件里进行了自我介绍，告诉我他们现在面临的挑战。

这些邮件都是通过领英联系到我的。我每天会收到 10~20 条消息，都是想和我通个电话或者见一面，问我想不想投资公司，想不想体验一下新产品，可不可以为新创业的公司提供意见，能不能帮助他们写一本书，等等。

不要误会，我不是在抱怨，也不是想取笑这些联系我的人。相反，我感到受宠若惊，虽然处理这些事情需要花费我很多时间，但是在我看来，这证明了我在做一些有意义的事情。实际上，很多请求我都会答应（比如和那位大学校长喝咖啡）。

但是，我们必须对自己的时间时刻保持警醒。

记住，一天只有 1440 分钟！

如果只是 30 分钟的时间，用来打电话或者喝咖啡，那就意味着做不了其他的事情。这段时间可以用来写想要写却没开始动笔的诗，解决还没有调试的代码，核查还没有证实的报告，联系那位第二天还没有回电的客户，把还没跑的两千米跑完，又或者会迸出一个之前没想到过的想法。记住，**做任何事都会有代价。**

一般成功的人士和非常成功的人士之间的区别就在于，非常成功的人士几乎对所有事情都会说"不"。

——沃伦·巴菲特

◎小心远处的大象

大家都知道，即使是体型庞大的大象，从远处看上去也很小。不幸的是，很多小事在真的要发生的时候都会变成大事。

一位在狄金森学院读本科的女生，有一天突然给我发了封邮件，告诉我她是我所从事的领导力工作的粉丝。她说他们学校每年都会举办一系列讲座，她来问能不能推荐我参加。

"当然可以。"我说。这是我第一次答应别人的请求。

一个月之后，狄金森学院的一名行政人员发来邮件，通知我演讲的具体日期，并告诉我这是没有任何劳务费的，问我还会不会考虑参加。一般来说，我

研究表明——

经常对占用他们时间的要求说"不"的人，幸福感更高，更有活力。（来源：克鲁斯集团调查，2015）

一场演讲的费用是 12,500 美元到 22,500 美元。但是，我喜欢给学生演讲，而且每个月至少给一个非营利组织进行一次公益演讲。

我看了看我的日历，三个月以后的那天刚好有空。实际上，那一周我都没有任何安排。哇，未来比现在闲多了！我很期待啊。我接受了这次邀请。这是我第二次答应别人。

日期逐渐临近，另一个学生问能不能代表学校广播站采访我。要接受采访，我就得在演讲前提前几个小时到。可以啊，我说，非常荣幸。这是我第三次答应别人。

演讲开始前一周，一位教授给我发邮件，问我能不能在他的经济学课上给学生讲一下与商业、道德、参与度相关的问题。他的课在那天早上。我喜欢给学生演讲，无论如何我都是要去的，现在只是需要再早点到而已。毫无疑问，我又一次同意了。

随着时间的推移，去这个学校进行公益演讲的时间越来越近，难免会出现一些意想不到的情况。我女儿的校园话剧表演安排在同一天，我不得不错过了。有人邀请我在那天去企业进行一次主题演讲，按我的最高出场费来，我也不得不拒绝了。澳大利亚的一家电视新闻节目想要在那天利用卫星通话在直播时对我进行现场采访，但那天我早就有安排了。

是的，因为这一件事就错过了这么多，特别是错过了我女儿的表演，真是让人很郁闷。但是，我不后悔一开始的决定，也不后悔答应了后面一连串的邀请。

其实，我分享这个故事，只是作为一个极端的例子来说明，**现在我们觉得以后不会这么忙是大错特错**！

有人约你三周之后一起吃午餐，你在日历上看三周之后的时间，那天没有会议，也没有其他的午餐计划，你很容易就会答应。鉴于这些条件，那天去约个午餐简直再合适不过了！随后约定的时间来临，但那天却会被会议、截止日期和家务事填满。

你必须认识到：现在要处理的工作、任务，一个月、六个月甚至一年以后也还会有。除非你彻底改变现在的生活，不然孩子还会

用他们的话说——

如果对某件事的回答不是"当然是"，那么它的回答就是"不"。

——詹姆斯·阿尔图切尔，畅销书作家、活跃的投资者、《詹姆斯·阿尔图切尔秀》主持人

生病；还要去做运动；你还需要去参加家庭教师会议；老板会接着给你新项目；车仍然需要换油、检查；还会有朋友请你去参加聚会。

◎每一个"Yes"意味着要对另一件事说"No"

这个道理我会教给我的孩子：每一个"Yes"都意味着要对另一件事说"No"。这并不是说所有的都要拒绝，而是在做出决定之前要认真考虑。

我女儿已经答应了参加朋友的生日聚会。流行歌手马克斯·施耐德刚好是同一天在当地举办音乐会。她该怎么办？哎，真是少年的烦恼！她已经告诉朋友会参加聚会了，就要遵守诺言。

我那 11 岁的儿子报名参加了一个足球项目；他是球队的两名守门员之一。赛季开始之后，他被选去参加当地的一场表演。他非常想参加表演，但这就意味着他要错过一两场足球赛。应该怎么做呢？他早就对教练和队友做出承诺，所以就继续踢足球了。

还是那句话,这并不是说要一直拒绝。当时机来临时,只要记着每一个"Yes"都意味着要对某些事说"No"。你要明白,总会存在让你犹豫的机会成本,需要你认真考虑,应该把哪些事安排到日程中。

◎为什么说"No"很难

尽管"每一个'Yes'都意味着要对另一件事说'No'",但要拒绝对我们来说很难。有很多理由:

> 我们担心让人生气。
>
> 我们担心会让别人伤心。
>
> 我们想让别人喜欢自己。
>
> 我们不想变得粗鲁,我们从小到大都被教育要有礼貌。
>
> 我们低估了所需要的时间。
>
> 我们自己分不清事情的轻重缓急。
>
> 能够帮助别人让我们自我感觉良好。
>
> 我们喜欢积累人情以便将来有所回报。

用他们的话说——

> 我最好的工具是脑海中始终想着:你的任何一个肯定回答,都意味着对另外一件事的否定回答。

——梅兰妮·本森,网站 www.Entre-preneur.com 上《信息营销业务启动指南》(*Startup Guide to Starting an Information Marketing Business*)的联合作者

实际上，我们从小就被教育要帮助有需要的人，在社会生活中也是如此。我们都重视帮助别人。

但是，自然而然地一直答应别人的要求，很快就会把我们自己重视的事情挡到门外，其中也包括能使我们走向成功的首要任务。当我们拒绝的时候，自己会给自己施加压力，使我们感到内疚。

允许自己拒绝，不要内疚。不要在意拒绝别人的要求时他们会怎么想。

◎ 7 种拒绝别人的简单方法

首先，要知道仅仅说"不"就足够了。你不欠任何人解释。

如果你依然在纠结"只说不"，试试下面这些有些微妙的回应。在回复邮件时，我经常在开头写"谢谢您找到我……"接下来写下面这些内容：

1. "……但是，我手上有项工作的截止日期马上就要到了，在完成这项工作之前，我不会参加任何新会议。"我通常会用这种方式拒绝突然联系我的陌生人。我不会具体说出截止日期是什么时候，毕竟他们是陌生人，没必要知道我工作的细节，也别指望我会说。"截止日期"这个词有一种魔力，大部分人自己就能体会到。

2. "……很不巧，这个时间我都安排满了，我只接受客户付费的电话和会议。感谢理解。"我用这种方式拒绝那些想得到免费的建议，给他们自己或公司带来巨大收益的人。很难想象，那些收入和资产都已经很可观的人，还经常想利用别人的时间和信息来赚更多钱，但却不考虑给这些提供答案的人支付酬劳。如果他们真想和我聊生意上的问题，上面的这个方法只是一个小提醒，如果他们愿意付费，就会照做的。但是，大部分人就直接消失了。

3. "……我非常乐意联系您，但看我的日程安排，到美国东部时间（挑一个五个月之后的时间）下午 2:15 分之前都有安排。"我这样回复，对方通常是我自己并不认识，但又错综复杂的有点联系的人。他们可能是几年前我的雇员的朋友。这样做的目的是，不直接拒绝，但要让他们知道我很忙。这样回复，就暗示了他们的问题最好是非常重要的，如果他们确实想要见你，就会接受你提出的时间。我发现，大部分人都会回复："这样啊，那没事了，您好像太忙了。不这么忙的时候我们再联系吧。"然后就消失了。

4. "……我下次接受电话咨询的时间是美国东部时间下周四 2：00—2：15，你看这个时间可不可以。"注意这里的时间是半夜，不是下午，这正是用意所在。这种方法我一年大概只用一次，因为如果这个人真的跟我叫板，我就必须熬夜或者半夜把自己拖起来接电话。我用这个方法来应对那些真的锲而不舍的人。如果他们只是坚持不懈要卖给我东西的陌生人，我可以直接拒绝。如果是朋友或生意上的合作伙伴想和我通话，出于朋友间的礼貌我又不能无视，这种方法对提要求者来说就成了一种负担。他们到底多想和我聊呢？他们真的愿意大半夜打这个电话吗？这些人通常会回答："下周四下午当然可以，但你写错了吧，写成了半夜……那个时候还打电话真是太疯狂了！"我会回复："没有打错字。我就是一个 24 小时连轴转的人，那个时间是接下来几个月里我唯一的空闲时间了。你方便吗？"我还从没遇到过在这种情况下还坚持要打电话的人，这真是太棒了！他们想强行占用我的时间来获得一些能使生活或事业发生变化的信息，但却不会在深夜 2 点打这个电话。如果有人说："没问题，我到时候打给你。"我通常会回复说，我发现可以把事情放一放，我们找个平时工作的时间聊一聊。

5. "……但是，我觉得自己不是最合适的人选；我可以把你推荐给……"这个比较简单。人们通常想占用你的时间向你咨询，是他们觉得你有办法帮助他们，或者你的决定可以让他们得到一些东西。如果你不想参与或者已经把决定权"委托"给了其他团队成员，用这种方法来处理——你可以这样说："对你来说，要解决这个问题最快的方法是直接和我的同事宝琳娜聊一聊。但不用担心，你和宝琳娜聊，跟和我聊是一样的。她在我们这儿有最终决定权。"

6. "……正常的工作时间里我没时间再参加其他会议或者接打电话了。但

用他们的话说——

对朋友说"不"，要考虑后果，想想对自己来说最好的决定是什么；不要试图取悦别人，首先考虑自己。对身边的人要留心，如果他们真是你的朋友，拒绝就不是什么大事。

——哈雷·席尔瓦，塞拉利昂高中优等生

是在行程中或者晚上可以查收邮件。我们通过邮件沟通可以吗？"这应该是我最常用的回复了。我确实尽力去回复收到的每一封邮件，这些邮件可能来自读者、邮件订阅者、推荐人，等等。使用电子邮件交流比打电话效率高多了。

7. "……通常来讲，第一次通话我只安排 15 分钟。如果你有兴趣的话，方便草拟一份要讨论的议题发给我吗？这样以便我了解我们的通话要涵盖的范围以及你想达到什么效果。"这又是一种方法。如果你不想直接拒绝这个人，这种方法很实用，能让对方知道你很忙。如果他们真的想和你谈谈，最好提前做一些准备工作。通常情况下，这些人就再也没有了音讯。

◎如果你是一名……这要怎么实现呢？

企业家："说不"有助于你拒绝那些外界无关紧要的会议，专注于当前的产品规划。

职场人士："说不"有助于你远离那些可有可无的倡议，进一步实现季度目标。

自由职业者： "说不"有助于你减少那些没有报酬的工作时间。

学生： "说不"有助于你花更多时间待在图书馆而不是咖啡厅。

家长： "说不"有助于你最大化地减少参加"志愿活动"的时间，而增加育儿的时间。

秘诀九

拒绝所有不支持你实现近期目标的事情。

在接下来的几周里，你会拒绝哪些会议、电话、项目？

第15天 强大的帕雷托法则

对你的工作量进行简单的分析，可以减少 80％的工作量

◎意大利花园中的惊人发现

帕雷托，1848 年出生于意大利，著名哲学家和经济学家。据说有一天，他发现，80％健康的豌豆荚是从花园里 20％的豌豆植株上收获的。这个发现引起了他对不均匀分配的思考。他想到了财富分配，并且发现在意大利，80％的土地为 20％的人口所拥有。他对不同的产业进行了调查后发现，通常情况下，80％的产量仅由 20％的公司产出。

80％的成果源自仅仅 20％的行动。

这个关于投入与产出不平衡的“普遍真理”，被称作帕雷托法则或 80/20 法则。虽然这个比例并不一定总是 80/20，但这种不平衡在商业案例中很常见：

总销售额的 80% 是由推销员中的 20% 完成的。

利润中的 80% 来自客户中的 20%。

软件崩溃案例中的 80%，是由最常见的软件错误中的 20% 引起的。

医疗保健支出的 80%，来自患者中的 20%（5% 的患者的支出达到总支出的 50%）。

列举一些更生活化的例子，你可能就会明白我们那些不自觉的 80/20 的习惯：

我有至少 5 套合身的西装，但 80% 及以上的时间我都是直接抓过那套剪裁得体、单排扣的黑色阿玛尼西装，搭配粉蓝色衬衫（女士们，你们有多少双鞋？有多少次你会直接穿那 20% 的鞋子）。

我家有 15 个房间，但我 80% 的时间都是在卧室、家庭活动室和办公室度过的。

我不清楚我居住的小镇上的公路有多少千米，但我只会开车走过其中的 20%，甚至更少。

在我的三星 S5 手机上有 48 个不同的移动应用程序（APP），但我知道

用他们的话说——

我知道自己不是万能的，因此利用80/20原则，我只做那些十分重要的事。

——詹姆斯·克拉姆科，Super-FastBusiness网站的创始人

我运用的两个生产力概念是：第一，80/20法则，这个原则可以帮我确定哪些任务回报最大，这样我就可以专注于此。第二，"限制理论"，能够帮我确定阻碍我取得目标结果的直接因素。

——亚罗·史坦瑞克，独立博主

80%的时间我只用其中的8个程序。

当我去杂货店买东西时，我绝对会把大部分时间花在商店边缘的货架上：这里有农产品、鱼类、奶制品、各种面包，通常我会跳过中间的货架（健康和美容用品除外）。

作为一个性格内向的人，我实际上不怎么参加社交活动，但或许你会发现，你80%的时间是和20%的家人朋友在一起。

那么，我们应该如何运用帕雷托法则来让时间慢些走呢？

◎帕雷托法则与商业

在开展业务时，你可以对客户群进行简单的分析，再决定"放弃"带来利润最少的那80%的客户。我理所当然地放弃了很多不值得我花费宝贵时间的客户。

这同样适用于你的销售团队。利用80/20法则，大部分销售代表都可以解雇了，而这部分实际上也是销售量最低的人。这样你就有更多的资金，奖励那些成功的销售

代表，他们负责的销售地区也会扩大，你也
会有更多的时间来支持销售团队中的这些佼
佼者。

也可以利用 80/20 法则，对你目前提供
的所有产品进行分析，除去利润最少的那一
大部分产品。这样做可以消除大部分客户服
务问题，给仓库腾出空间，简化价值定位。

如果你在经营一家软件公司，就要确保
自己了解服务中心 80% 的投诉电话都是来源
于哪些错误。消除这些错误，你的技术支持
成本就会减少很多。

你还可以把 80/20 法则运用到市场营销
中。我曾经在一次会议上采访过赛斯·高汀，
我问他为什么不用推特。那时推特十分流行，
而赛斯被视为营销大师，因此人们对他竟然
不用这个网络平台感到非常吃惊。他说："我
并不是反对推特。一天只有有限的几个小时，
如果我把时间花在推特上，那我就没有时间
做其他事了，比如每天写一篇博文。"

在这个社交媒体的时代，我们很多人都
觉得必须要有推特、脸书及领英的账号，我
的天哪，我还有一个品趣志的账号呢！利用
80/20 法则分析之后你就会知道，大部分的
社交活动、联系人可能都来自一个社交平台。

你可以告诉大家，你只使用其中一个平台，而忽略其他的。

◎帕雷托法则与家务事

你每年会在自己家的院子里花多少时间和金钱呢？可能目前的工作就是修剪草坪、整理草坪边界、施肥或喷洒其他化学药品、除去花坛中的杂草、修剪灌木丛和树枝、种花、打扫小路等。如果你自己不动手干的话，想一下你会在修剪灌木树枝、换草坪、购买肥料、使用除草剂上花费多少。

按照 80/20 法则来分析，邻居或者那些开车经过你家门口的人都能看到院子里的景象，其中 80% 是你可以用 20% 的修整工作来完成的。记住这一点，你可能就会去修剪草坪、清除杂草了，但是不要再整理草坪边界，也不要再种植应季的鲜花了（当然，除非对你来说，整理院子很有意思）。

◎帕雷托法则与阅读和学习

我最喜欢的高中老师，在我去上大学的时候给了我非常中肯的建议。她告诫我，阅读作业与以往做过的任何作业都不同。在小说课上一周要读一本书，其他每科的教科书每周也要读几章。

她教育我说，如果你只读每章的第一段，最后一段以及每段话的第一句，就可以理解书中 80% 的内容了。我发现这样做不一定能门门成绩都得 A，但得 B 是肯定没问题的。

现在，我的三个孩子都在上学，时间安排得满满的。在辅导女儿们准备高中考试时，我现在知道了要先看每章的总结和章节自测。了解教材编纂者认为的重点，然后回去在课本中寻找答案，比把整章从头读到尾效率更高。

◎旅行者的袋子里装的是什么？

我最喜欢的故事是在《环球邮报》上读到的：

一位旅行者经常在世界各地游历，向人们宣传佛教信仰。他到哪里都会带着一个小红袋。据记者报道，在一次活动上，观众中有人问他，他的这个袋子里装的是什么。

他当场打开了袋子，把里面的东西拿出来给大家看。一块巧克力，一个眼镜盒，一个牙刷，面巾纸，然后停顿了一下，掏出一块糖，但是他马上拆开包装扔到了嘴里。

你出门的时候会带多少东西呢？是不是有太多"东西"浪费了你的时间？

我大多数朋友都有第二个家。有的在纽约，有的在新泽西海岸，还有的在波科诺斯有自己的滑雪小屋。我没有专门的度假屋，他们对此感到很惊讶。也许他们没有注意到，在大家谈论度假屋时，我都在认真听着。他们很少会聊到，去那里度假是多么开心。相反，我经常听到他们说，在度假屋小住之后还要进行后续整理，或者由于飓风"桑迪"来袭，房子的一楼进了一米深的水，又或者是他们把房子租了出去，但房客把家里搞得乱七八糟。

　　这个度假屋的问题只是一个例子，来说明每件事都是有代价的，就像收集的小摆设每周都要擦拭一样。房子越大，需要打扫的房间就越多。电子产品需要你去学习如何使用、设置、存储、蓝牙配对，最后才终于设置好了！游泳池需要清扫。宠物需要遛，需要喂养、洗澡，还需要看兽医。船在使用的时候要拖下水，不用的时候还需要拉上岸。

　　现在家里有三个孩子在上学，我觉得这样在郊区生活也是符合实际情况的。但是，只要孩子们长大离开了家，我也不会待在家里！想象着摆脱我现在拥有的一切（我会带着寄托感情的东西，但不会太多，都放在一个可变温的装置里），每年去一个城市，租一套舒适的公寓居住，直到我厌倦了这种生活或者直到我死去。我可以去纽约、巴塞罗那、阿马尔菲、悉尼，或者去墨尔本、中国香港、拉荷亚、纳帕，谁知道会去哪儿呢！

　　这并不是教育我们所有的"东西"都不好，我也会把玩一些小玩意儿，还养了两只猫。只是说，所有的东西都需要花费时间，在得到之前应该三思。

　　我们可能并不想把自己的财物减少到仅能装下那个小红袋那么少，但我们可以从旅行者们的身上得到启发。很显然，他们不需要用过多的外物来取悦自己。

◎帕雷托思维模式

本章关于帕雷托法则的重要内容，并不是让你到处拿着计算器做数学题，计算生活中各个领域的 80% 和 20%。

重要的是，我们要形成一种思维模式，能分辨出带给你超额回报的少数事情。这就需要你去：

寻找捷径。

把最重要的事情做到极致，其他的差不多就可以了，或者直接不做。

发展自己的技能，使自己在几个目标领域出类拔萃；不要试图掌握一切。

要知道，可以通过确定对你来说最重要的那 20% 的目标和工作来减少工作量，减轻压力，提高幸福指数。

◎如果你是一名……这要怎么实现呢?

企业家: 80/20 思维模式有助于你更专注于自己的战略计划,不再花那么多时间去寻求无穷无尽的新机遇。

职场人士: 80/20 思维模式有助于你利用有限的资源实现回报的最大化。

自由职业者: 80/20 思维模式有助于你为最重要的客户提供更优质的服务。

学生: 80/20 思维模式有助于你找出考试中的重点。

家长: 80/20 思维模式有助于你更专注地去处理家务事。

秘诀十

80% 的结果是由 20% 的行为产生的。

你能用20%的时间创造80%的价值吗?

第16天 掌控你的时间

三个简单的问题就能让你一周省出 8 个小时

◎获得"最佳程序员"奖的那个懒人

2013 年 1 月，有几家新闻媒体报道了鲍勃的惊人故事：

鲍勃的编程速度和质量都很高，因此他所在的公司给他起了个外号，叫"这栋大楼里最会编程的人"，并且给予他很高的评价。鲍勃是公司的模范员工，45 岁左右，每天 9 点来上班，5 点下班前会交给老板一份当天的工作总结。

如果我们有机会悄悄地观察鲍勃的一天是怎么度过的，我们会发现一些奇怪的事情。鲍勃正常上班的一天里，9 点到 11 点半他会浏览红迪网（Reddit），看油管（YouTube）上面的视频，之后会出门花 90 分钟吃午餐。下午 1 点回来，他会把接下来的三个半小时花在 eBay、脸书、领英及其他社交网站上。下午 4 点半，给老板发一份报告，然后回家，一行代码都不会写。第二天依旧如此。

这怎么可能呢？鲍勃只是在这里混日子，怎么就成为他们公司的明星程序员呢？

事实上，鲍勃非常聪明。

他不会问："我该怎么做这个呢？"

他会问："我该做些什么才能搞定这件事？"

在鲍勃的这个案例里，答案是，他把自己的工作都外包给了在中国沈阳的一家软件开发公司。鲍勃所在的公司每年给他的薪水是 200,000 美元，然后他把其中的 50,000 美元给了中国的一位程序员，帮他工作。

在很长一段时间里，鲍勃所在的公司对他的工作效率和工作质量大为赞叹。但他其实一天 8 小时都在上网干别的。

最终，这家公司注意到了来自中国的异常服务器访问，以为自己的网站被黑客攻击了。于是，公司无意中发现了鲍勃的"完美计划"，老板非常生气，解雇了鲍勃。

研究表明——

积极把工作分派下去的人工作效率和幸福指数会更高，也更有激情，他们很少会感觉到"工作过度，不堪重负"。（来源：克鲁斯集团，2015 年）

用他们的话说——

从更高的角度来看你一天的安排……不要用时间来换金钱，要用好自己的专业技能，把剩余的事情安排出去。

——杰夫·穆尔，拥有两家海产品公司，全球精英组织"周四总裁会议室"论坛的创始人

如果当时我是公司 CEO，我会把鲍勃的薪水翻倍，并让他担任首席技术官（CTO）。这样他就可以把所有的软件开发工作都外包出去，每年给公司省下几百万美元。

尽管鲍勃最终还是因为违反公司规定被解雇了，但我们仍然可以从他完成工作的方式中学到很多。

◎放弃，分派，或是重新设计任务

2013 年 9 月，朱利安·伯金肖教授和乔丹·科恩教授在《哈佛商业评论》上公布了他们对工作效率实验的结果：

> 他们发现，知识工作者 41% 的时间都花在了自己并不想做的随机活动上，这些事情本可以安排给别人来做。

那么，为什么人们还一直做这些事呢？

研究人员发现，当我们感到忙碌时，会觉得自己很重要；当我们在工作上取得进展时会感到自信和满足；尽管会议都很枯燥无

聊，但也给人们提供了离开办公桌，参加社交活动的机会。

人们一旦参加了伯金肖和科恩的培训，慢下来，以一种新的方式来考虑他们的工作，就会赢得很多时间。

事实上，平均来说，接受过培训的人，每周在工作上可以省出六个小时，在会议上可以省出两个小时。

省出这么多时间的秘诀又是什么呢？

研究人员对每个人都进行训练，让他们分析自己的任务，看自己是否可以：

放弃：我可以放下什么工作？什么事情我可以完全不做？

分派：哪些工作我可以分派给下属？哪些工作可以外包出去？

重新设计：哪些工作需要我换种节省时间的方式继续做？

要学以致用，首先把上一周的工作任务和参加的会议列出一个表，然后按照下面几个步骤进行：

1. 问自己："**这个任务对我或对公司来说有多重要？如果我完全不做会怎样？**"

2. 问自己："**我是做这项工作的唯**

用他们的话说——

利用你的每一分钱把工作外包，购买别人的时间。这是关键。安排好你的 168 小时，购买别人的时间，让自己的时间增值。

——谢恩 & 乔瑟琳·萨姆斯，电子产品销售商，业务额高达六位数，建立了 FlippedLifestyle 网站，利用在线业务帮助其他家庭"调整生活"

一人选吗？公司内外哪些人可以完成这项工作？"

3.问自己："这个结果怎样才能更快实现？如果我只有一半时间，这项工作怎么完成呢？"

这三个问题可以帮助你判断哪些工作价值低，是应该放弃、分派、重新设计的。

◎托尼·罗宾斯雇助理时只有十几岁

我仍然记得 25 岁时，8 月的一个星期六，天气炎热，我在家修剪草坪。我那时是创业公司 CEO，每周要工作 80 多个小时，几乎不睡觉，没有时间锻炼身体，也没有社交生活，但我却花了几个小时的时间修剪整理草坪。

太阳炙烤，汗流浃背，我奋力爬上山丘，在厚重的土壤和草籽之间推动割草机。这段时间，我一直在想周一之前需要做好的幻灯片，几百封需要回复的邮件，更不用说还要粉刷卧室、洗衣服、去杂货店买东西了。

我为什么不直接雇个孩子来修剪草

坪？因为我没钱。我应该说，我以为我没钱。

我最近看了对托尼·罗宾斯的一次采访。他讲述了创业时期一个相似的故事，那时他只有十几岁，他意识到尽管自己也很穷，但还是要雇个人来帮他。最开始只是一天雇人工作两个小时。他说道：

> 在我看来，最开始比较困难的事情是，你以为自己一个人可以处理好，但时间只有这么多，你还要照顾到孩子、家人和朋友，我应该怎么做呢？
>
> 答案就是，雇用别人。你可以和别人做交易，只要两个小时。一开始我就是这样做的。因为我对此铭记于心，永远难忘。那时在事业上我还非常青涩，尤其是在创业初期。我飞奔去干洗店取回仅有的两套西装，如果我拿不到，干洗店关了门，我就上不了飞机了。
>
> 我疯了一般跑到机场，我本就是个爱出汗的人，经常汗流浃背。流汗流成这样，还想冲进门，然后我就意识到，这个画面存在什么问题。
>
> 这时候我本可以做一些更有意义的事，在干净整洁的地方排着队。真是

用他们的话说——

> 那些你不喜欢做，同时又不擅长做的事会让你放慢步调，偏离目标，或者效率低下。只要具有这两个特征，这个工作就必须尽快外包给别人（最理想的是这个人既喜欢，也能胜任这件事）。如果继续做这类你不喜欢又做不好的工作，你就会越来越不喜欢正在做的事，缺少成就感。
>
> —— 安德里亚·华尔兹，畅销书《努力说不》的联合作者，专业演讲家

用他们的话说——

利用各种便利的工具，我把能外包的都外包出去了，比如要买东西，我会用亚马逊金牌会员（Amazon Prime）服务，运输时间只有两天，通过皮波德（Peapod）公司[1]让杂货店送货，这样我就不用去商店了；在 FancyHands.[2]网站上进行预约，查找供应商，产品信息等；在 Thumbtack[3]上找可以做的家庭任务；在 ZocDoc[4] 上预约医生。我作为两个孩子的妈妈，还经营着一家拥有多个办事处的机构，只要能获

---

1 Peapod，在线食品销售公司。——译者注
2 美国一家在线服务公司，服务范围涉及各个领域。——译者注
3 Thumbtack是一家提供本地服务的 P2P 公司，旨在帮助用户们对接当地各种领域专项服务的专家。——译者注
4 ZocDoc，在线医生预约平台。——译者注

太蠢了。我感到非常……我那时应该是十七八或者十九岁，我也不记得到底多大了，然后我就说："我要雇人。"一天两个小时，我需要以此开始。之后就是一天四个小时。

因此，我的观点就是：别人比我做得好的事，我是不会做的；不是对我的时间充分高效利用的事，我也不会做。

在你自己觉得准备好之前，就要雇别人来帮你处理工作了。雇一个在街上游荡的孩子每周帮你修剪草坪，会花多少钱呢？

你是全职爸爸吗？如果雇一个大学生每个下午来帮你看一个小时孩子，好让你有一段自己的时间，这又会花多少钱呢？

◎风险投资人苏斯特的管理价值观

你是创业公司的 CEO 吗？聘请一位出色的行政助理要花多少钱？如果你自己就知道如何用电脑实现管理，为什么还要花钱雇行政人员呢？

我只虔诚地读过两篇博文，其中一篇就

是风险投资人马克·苏斯特写的。苏斯特给创业者提了一些建议。在他的文章《A 轮融资之后，需要聘用的第一个有争议的职位》中，苏斯特给出了一个令人叹服的案例来解释行政人员的价值：

> 第一轮融资之后你需要聘用人员的第一个职位就是业务经理/公司助理。
>
> "什么？你是在开玩笑吧？"
>
> 不是。
>
> 在公司刚起步，控制成本时，你可能会手忙脚乱，虽然我对此很感兴趣，但我同样感兴趣的是，你获得了一部分资金之后如何安排。我见过太多 CEO 或创始人在细节上遇到问题，因为从一开始的手忙脚乱阶段，这些问题就没有解决，逐渐累积成大问题。
>
> 思考一下，在创业初期，最重要的资产就是你的团队，大概没有比创始团队更宝贵的了。但是，大家却被报销费用、预订酒店、安排会议、维修漏水马桶、处理工资单、订购电脑等琐事困扰。

如果你没有聘用行政管理人员，那你自己就是。

得的帮助我都需要！

——金·沃尔什·菲利普，主流社交媒体推销员、畅销书作者、主旨演讲家、IO Creative Group[1] 创始人

---

1 IO Creative Group，广告咨询公司。——译者注

用他们的话说——

专注于你擅长的领域，其他的工作雇别人来做。

——路易斯·豪斯，畅销书作者、企业家、前职业运动员、播客 *The School of Greatness* 节目的主持人

即使所有的行政工作都可以自己做，但为什么应该是你来做？你每天跑邮局，核对支票，或者订机票花的那一个小时，还不如去给潜在客户打电话，学习或者思考一下发展策略。要运用自己独特的优势尽量把时间花在效率最高、最有意义的事情上。跑到商店买打印纸，应该不属于这一类。

◎现在，你可以"优步"一切

自从蒂莫西·费里斯的《每周工作4小时》大卖以来，使用虚拟助手已经成为一种时尚。最初，使用虚拟助手，或者叫作 VA（Virtual Assistant），通常是指让一些住在印度或者菲律宾的人来帮你处理一些日常工作，比如处理电子邮件、进行预约等。有些人觉得这些安排对工作有帮助，但有些人接受不了语言障碍，对工作质量不满意。

不可否认，自从 VA 出现以来，这一概念取得了很大发展，人们逐渐形成这样一种想法，几乎所有的东西不用事先规划就可以外包出去。

优步公司才是的的确确把按需移动服务这一概念普及的公司。还记得羡慕那些有专门司机的"富贵人"的岁月吗？就在这同一时代，你也可以完成"回家，詹姆斯"这一指令，现在你可以点开优步 APP，你的专属司机就会出现，送你到目的地。

在杂货店买东西花了太多时间？看看你所在的地区是不是属于在线送货供应商的服务范围。如果买的不是易损坏的东西，用亚马逊就好了。需要有人做网络调查，更新社交媒体信息，去餐厅订位子，或者取消你的有线电视服务，都可以找到对应的网站。有太多家务活要做？上网看看有没有人可以过来帮你清理烤箱，组装你在宜家买的家具，安排布置衣柜等。

不要忘了，要满足自由职业的需求，永远都可以浏览相应的网站。

《每周工作 4 小时》这本书刚刚出版的时候，外包服务还很少见。现在，外包就是你可以把工作交给那些最优秀的人，没人在意这些人在哪儿。随着 Wi-Fi 上网，Skype 网络电话，电子邮件和各种项目管理沟通工具的普遍应用，与团队成员远程合作已经不是什么难事了。

我住在费城外，会使用 VA 来帮助我完成各种事务：

> 克拉丽莎是我的书的封面设计师；她住在新加坡，我也不知道她长什么样（我们只通过邮件交流）。

> 巴拉吉在印度，我让他的团队来做研究项目、挖掘数据、制作幻灯片等。

> 塞丽娜帮我解决 Mailchimp[1] 电子邮件的技术问题（我们第一次联系的时候，她正在爱尔兰度假，现在她在泰国）。

> 卡米尔是我的图书编辑之一，我在网上找到的她（她的个人资料里说她住在美国，但我也不知道具体在哪儿）。

> 马特和克里斯两个小伙子帮我管理网站（我还从来没有和他们面对面开过会）。

除了我经常合作的这些遍布各地的自由职业者，我把以下这些工作外包给当地的人员：

> 每周给一家公司支付 60 美元，让他们帮我修剪草坪。

> 下雪时每周给一个小伙子 100 美元，让他帮忙清理我私人车道上的积雪。

---

1 Mailchimp，通过电子邮件订阅 RSS 的在线工具。——译者注

让保洁公司的人来打扫房间，每两周 150 美元。

给一位女士每小时 20 美元，让她每天早上来接我的孩子上学。

我雇了个记账员，管理我个人和公务上的资金往来；我自己从没开过支票。

我还雇了水暖工、电工和油漆工，对我家进行日常维护。

◎别误会，亿万富翁也会自己洗衣服

那什么事情不应该外包出去呢？

应该注意到，虽然每周有那么几天早上会有人来我家帮忙送孩子，但我从没为我的三个孩子雇过专职保姆。我也有一些好朋友家里雇着保姆，住在他们家或者白天来、晚上走，但我并不喜欢那样。对我而言，我不想让非家庭成员住在我们家，而且养育孩子是我的第一要务，所以我希望自己能尽量亲力亲为。幸运的是，我有许多安排都是可以灵活调整的，这就让我能有充裕时间做这些事。我并不是在对做出不同选择的人评头品足，我是有意识地在做这件事，因为我知道这会影响我的潜在收入和事业的发展。

我也会去杂货店买东西，几乎每天一次或隔一天一次。从时间优化的角度来看，做这些没有任何意义，但我却很喜欢。我喜欢去买最新鲜的蔬菜水果，可能还会遇到新鲜鱼类。我每天去市场就是快速从商店货架间穿过。因为我在家工作，这正好成为我出门呼吸新鲜空气，享受阳光的理由。

亿万富翁马克·库班曾经在《鲨鱼坦克》中爆料，他仍然自己洗衣服。我也是。每周找人过来帮我洗衣服或者直接把要洗的衣服放到洗衣店，这些很容易办到；对你来说也是如此，你很可能会那么做。我只是觉得洗衣服是一项基本工作。

底线就是你要尽量把所有的事情都外包出去，除非：

1. 你喜欢做，这是你休息、恢复精力的过程。

2. 继续完成这件事，是受你的价值观驱使。

3. 外包出去比你自己做这件事所花

的时间更多。

◎如果你是一名……这要怎么实现呢？

企业家：积极把工作外包出去，会让你有更多的时间展示自己独有的能力。

职业人士：积极把工作外包出去，有利于你降低项目成本。

自由职业者：积极把工作外包出去，能让你有更多的时间来施展自己的真才实学。

学生：积极把要做的事（可能就是要洗的衣服）外包出去，会帮你省出更多的时间来复习重要考试。

家长：积极把工作外包出去，会给你留出几个小时的时间来锻炼或"充电"。

用他们的话说——

每一年，规划你自己的时间，想办法把手头至少 15% 的工作分派出去。

——杰伊·巴尔，Convince & Convert 咨询公司创始人、主旨演讲人、《友利营销》的作者

秘诀十一

把时间花在能够充分利用你的专长、充分发挥热情的事情上。

在接下来的几周里，你会把什么事情外包出去？

第17天 如何设置主题日

日历上一个小小的变化就会使你的生产效率实现巨大飞跃

◎为何要设置"主题日"

杰克·多西是推特的联合创始人，同时也是 Square 公司的 CEO。有段时间，多西同时在两家公司全职工作。每家公司工作 8 小时，一天要工作 16 个小时。2011 年，在科技经济会议上，多西接受了采访，他解释了自己高生产效率的秘诀：

> 要做到如此，唯一的方法就是要自律，还要有经验。我发现，对我有效的方法就规定每天的主题。周一，在两家公司，我都会专注于管理和运营……在 Square 公司，我们开定向会议；在推特，我们开执行委员会会议。在那天，我会把管理工作逐一完成。周二，则主要关注产品。周三，关注市场营销、沟通交

流和发展。周四，关注开发商和合作伙伴。周五，关注企业的公司文化及人员招聘。周六，我休息，去远足。周日，自我反省，处理反馈，制定策略，为新一周的工作做准备。

其间，我也一直会被打断，但我可以快速处理这些干扰，记着今天是周二，我还有产品会议，必须把注意力集中在与产品相关的事情上。这也为公司的其他部门确立了紧张有序的节奏。我们一直在交付成果，不断展示上一周的工作进程，确定下一周的工作目标。

◎如何确定每日主题

约翰·李·杜马斯在短短几年内就通过他的日常播客节目《企业家之火》，取得了百亿美元的商业成就。杜马斯的同事凯特·埃里克森在博客中写了一篇回顾 2014 年的文章。在这篇文章里，她描述了每日主题对他们业务的影响：

我们都认为，成功的秘诀就是一周中每天创造一个主题。比如，约翰的播客日是周二：这天他会集中处理《企业家之火》的所有播客采访。

再举一个例子：周三是我们的网络研讨会日。我们在这一天安排播客直播研讨会、网络研讨会，以及我们的独家社区网络研讨会。

每天都有主题让我们更容易安排计划，跟进工作进程。一个主题留出一整天的时间，能让我们更高效地去完成工作，而把工作"先放一边"，明天再做，这种情况的概率比较小。

◎三个经典主题

著名的企业家培训师丹·沙利文建议，我们应该每周确定三种不同类型的主题：

专注日： "专注日"里我们主要关注最重要的活动，特别是创收活动。这也是需要我们充分发挥自己的聪明才智，尽力做到最好的时候。

缓冲日：在这天，需要及时回复邮件和电话、举行内部会议、分配任务、处理文件、完成与工作有关的培训或教育活动。

自由日：这个时间不会有任何工作。这是留出来度假、放松或做慈善的日子。不接收任何与工作相关的邮件、电话，也不惦记这些天要完成的工作。这是恢复精力的一段时间。

◎设计我理想的一周

我也尝试着去给每天都设定一个主题，但还没有达到多西、杜马斯或者沙利文的那种程度。下面是我一周的日常安排：

周一：一周的第一天我主要参加公司内部的管理会议（和多西的安排类似）。直接汇报一个接着一个，我把这些汇报看作是对上一周主要工作进展的回顾总结，同时审查下一周的活动和工作目标。在这一天快结束时，我会开个团队会议，大家简要分享一下上一周的工作情况，这样在全公司里营造一种情境意识。说实话，我不喜欢周一，因为我讨厌开会。但是，我喜欢以"手忙脚乱"开始新的一周，因为这会让接下来的四天非常高效。

周二到周四：每周的中间几天是我的"专注日"。在我目前的工作中，这几天我会写新书，设计网课，或者写一些市场营销资料。这些是可以创造收入的"产出"，而且充分利用了我的独特优势。

周五：一周的最后一天是我的"缓冲日"，我会处理账单、查收邮件、回复读者等。

◎办公时间的主题

除了每周的日常主题之外，我也会把每个月的最后一个周五，作为我预定午餐或者赴咖啡之约的日子。

每周我都会被"我们可以一起喝杯咖啡吗"这样的请求淹没，对于那些我想接受的邀请，我会把它们安排在这个月的最后一个周五。我通常上午 11 点来到餐厅，每次都坐在同一个位置，接下来会有一串客人来来去去，我每个小时和不同的客人见面，纽敦（康涅狄格州）拉斯塔拉餐厅的服务员每次看到这个场景都会觉得很有意思。这天最后我去结账，账单通常包括三四份午餐（我只吃了一份），十杯左右的咖啡。

畅销书作家戴夫·克彭也在每周安排类似的"主题"时间，来处理与外人的会面。他向我解释说："虽然任何想和我见面的请求我都会同意，但我每周只给这些'会客时间'留出一个小时。"

◎带缓冲的三明治式休假

我过去很讨厌休假，因为休假会让我疲惫不堪。

休假的想法是好的，但休假的前一天会非常混乱，在完成日常工作的同时还要试着把手头的工作移交出去。我休假的前几天，不是通过电话或邮件处理没完成的工作，就是担心我如果"拔掉电源"，那些事情会怎么样。休假回来的那天也会让我很厌恶，回归被会议淹没的正常工作状态的同时，还要再次手忙脚乱地跟上邮件和电话的进度。

要想大幅度提高休假的质量，只需要在休假前后安排缓冲日。在假期结束的时候安排一段时间专门用来跟上工作进度。不要预先安排会议，不做工作计划，也不要安排为了赶上工作进度的午餐会面。只是利用那段时间，特别是休假回来的那天，收发邮件，接打电话以赶上工作进度，给同事发邮件或者快速站着开个会，以便恢复工作速度。

知道你已经安排好了时间去移交工作，回来之后也有时间赶上工作进度，有助于你在离开工作岗位时能够得到真正的休息和放松。

想知道这个方法生效的秘诀吗？告诉行政人员你哪天回来工作，但要叮嘱他在日历上你回来的那天仍然留着"休假"的标记，让所有人都看到。这样你就不用一到办公室就要去参加会议，或者刚到办公室就有人在你面前晃来晃去，汇报工作。

◎如果你是一名……这要怎么实现呢？

企业家：把工作日都冠以产品开发和客户开发这样的主题，会对你有所帮助。

职场人士：限制内部会议和自由思考的

时间和次数，会对你有所帮助。

自由职业者： 一周确定一天主要用来处理诸如寻找客户或者送发票这样的琐事，会对你有所帮助。

学生： 把一周中的某个晚上确定为"聚会之夜"，把另一晚的主题定为"图书馆学习时间"，会对你有所帮助。

家长： 把每周日下午定为准备一周餐点的时间，会对你有所帮助。

秘诀十二

把一周中的每一天都确定循环主题，并把工作安排进去。

如果时间都被安排好，使你的工作效率最大化，那你的工作效率会提高多少，压力又会减少多少呢？

第18天　凡事只做一次

这个小小的习惯的改变可以让你每天多出十几分钟时间，释放精力

◎你如何整理邮箱？

关于人们怎么浏览每日邮报，你可能知道很多。下面是我过去的做法……

结束了繁忙的工作，我回到家，从邮箱里拿出信件，走回厨房。我怀着好奇，不紧不慢地浏览这一堆信件。垃圾信件、电费单、垃圾信件、按揭单、垃圾信件、垃圾信件、杂志、没有寄信人地址的手写卡片、垃圾信件、垃圾信件、汽车贷款、垃圾信件、垃圾信件……

这张小卡片肯定脱颖而出了，我立马打开来看。这是一张邀请卡，请我儿子几周之后参加生日聚会。我打开 iPhone 上的日历查看。他应该可以去。我必须仔细检查那个时候没有其他

安排。

　　放下邀请卡，我打开了电费单。我一直在吹空调，想知道电费数额有多大。呀！我决定打开其他的账单看看什么时候到期。

　　我放下账单，拿起《商业周刊》，翻一翻，看几个标题，然后想：记着回来看这上面的一篇文章。

　　最后，我把杂志放到一边，开始做晚饭。那天晚上，我又拿出这些信件，进行归类，扔掉所有的垃圾邮件。我会把杂志留在厨房（让我的环境变得凌乱了），把其他的放在办公室的桌子上。在接下来的几天里，我会再次打开那些账单，把它们都付了。如果我还记得，就会再打开那个邀请卡，看看日历，回复一下。

虽然这样"处理"信件可能并不是什么难事，但这却标志着我们处理事情的方式：我们一次又一次地回到这些事情上来。当我们处理邮件的时候，可能会对每一次"叮"都做出回应，看一下邮件是谁发来的，主题是什么。然后，才会决定要不要打开看。如果我们打开看了，就想把它留在收件箱，稍后回复……然后就会再读一遍。

我们可能会把脏衣服脱下来，先扔到卧室的地板上，然后再捡起来扔到衣柜里那一堆衣服上。每周一次，或者直到衣柜的门再也关不上的时候，我们就会找来洗衣篮，把衣服装进去，放到洗衣机旁边。下次回来后才会真正开始洗衣服。

◎ "凡事只做一次"的心态

那些非常成功的人士，对遇到的所有问题都会立即采取行动。他们知道做事要想高效，就要花费最少的时间和精力处理事情。简而言之，他们练就了"凡事只做一次"的心态。

下面是我如何利用"凡事只做一次"的原则浏览邮寄信件的：

我出去走到邮箱边，拿出信件。

在我走回车道的过程中，挑出垃圾信件。

在我走回家之前，就把垃圾信件扔到车库的资源回收桶里。

我很快就挑出了杂志，把它们放到咖啡桌上待阅读杂志那一摞上。

我拿着剩下的账单，放到我电脑旁边那堆待支付账单里。剩下的也只有账单了，再没有其他的信件了。

因为每周五我都有 30 分钟的时间来支付账单，所以在那之前我就不用惦记着打开这些信封。

我觉得"凡事只做一次"法则非常重要，如果做一件事只需要 5 分钟，甚至 5 分钟都不到，我建议你立刻去做。只要做这件事不会干扰已经安排好的工作，一般最好是立刻采取行动，不要等以后再去处理。

用他们的话说——

> 每当我有一项小任务需要完成（所需时间少于 5 分钟），我会立刻完成，而不会把它往后拖。这就确保了每天结束的时候，不会再有一堆工作等着我。

> ——尼哈尔·苏萨，康奈尔大学的全优生

◎ "凡事只做一次"与邮件处理

大多数人是新邮件一出现就立即阅读，或者当他们打开收件箱，看到有一堆未读邮件时，就会立即点开每封邮件逐一阅读。

除非只需要几个字来回复，否则大多数

人都会关掉邮箱，稍后再来回复——回复的时候还需要再打开邮件重新读一遍！

更好的解决办法，就是每封邮件都立即处理。以下是我今天早上如何带着内心的挣扎处理邮件的：

上午 11 点，完成了每天早上都要进行的锻炼，孩子们去上学了，我也完成了两个小时的集中写作。是时候打开邮箱了……深呼吸。

第一封邮件是我设置的谷歌提醒，来监控我自己的名字。它提示我先前安排好的博客文章今天早晨上线了。我跳转到博客页面，以确保没有问题，然后注意到文章标题上有一个拼写错误"该死"。看完剩下的邮件之后，我必须回来花几分钟处理才行。

不！凡事只做一次，我内心的声音提醒自己。我快速打开 WordPress，改正了拼写错误，点击发布。

下一封邮件来自一位自由职业者，他发邮件告诉我雇主识别号码，这样我的会计就能准备一份税务文件给他。我稍后要给会计发个通知，告诉他那个雇主识别码。

不！凡事只做一次。我加了几句话，点击转发，发到了会计那里。

下一封邮件是我的律师发的，附件是一张发票。"什么？我不记得自己还有账单没付啊。"双击这个 PDF。哦，没错，我忘了他还帮我处理过商标问题。哎，我昨天刚刚付完账单。

我可以把这个发票打印出来，放到待处理账单中，等到每周一次的账单支付时间段再处理，或者立即支付了。现在就做！幸运的是，我的律师有信用卡，我在他的这封邮件里填了信用卡信息，然后发回去，做完这些只花了 3 分钟。

下一封邮件……我最近加入了宾夕法尼亚协会，并交了会费。有人发邮件来问我这是不是一个非营利组织。我怎么会知道？我能把这封邮件转给谁？哦，天哪，还是现在就处理吧。我在浏览器中打开一个新标签页，打开协会的网站。快速浏览"关于我们"这一页。里面没有提到 501（c）3 型非营利机构的身份。回复这个邮件：我觉得不是。发送，完成。

下一封邮件……有人询问我的演讲

费用及档期。我把这个转发给了我的网上行政人员。不用写任何内容，她知道该怎么做。

如果我处理完了所有的邮件，或者半个小时的处理时间已经用完。我就会退出邮箱，等到下午再回来处理。

◎ "凡事只做一次"与日历安排

如果你不能立即处理某个邮件，一个非常有效的策略就是，把它在日历上标出来，以后处理。记着，我们是要用日历，而不是待办任务清单。

例如，我姐姐黛比刚刚给我发了封邮件。与其回复邮件，我更想给她打电话，直接进行详细的谈话。但是，我没有把这件事加到我的待办事项列表中，也没有把这封邮件留在收件箱里。留在收件箱里的话，很可能会被淹没，再也不会处理。相反，我在日历上找了个时间，设置提醒"给姐姐黛比打电话"。

我用 Gmail 和谷歌日历。因此当一封邮件看完之后，我想在日历上创建一个事项，只需要如下 4 步：

  1. 单击窗口顶部靠近中间的"更多"按钮（下拉菜单）。

  2. 从下拉菜单中选择"创建事项"选项。

  3. 新标签页打开，在谷歌日历中显示新事件表单；默认是当前日期和时间，并把电子邮件主题行作为时间标题。电子邮件的正文显示在"说明"字段中。

  4. 根据需要调整日期和时间，单击"保存"。完成啦！

  如果你使用的电子邮件客户端是 Microsoft Outlook，就会更简单。当电子邮件打开时，只需要单击"安排"按钮，或者直接把邮件拖到屏幕右侧的日历日期那里即可。

  更多有关信息或想查找进行此操作的截屏，只需在谷歌中搜索"如何在电子邮件中创建日历条目"。

◎通过"只做一次"来简化任务

凌乱的环境会使人精神上有负担，增加找东西的时间，最终还是需要安排出时间来"清扫房间"。"只做一次"的心态可以让你周围的环境长期保持整洁。

我在教我的三个孩子学会运用"凡事只做一次"原则。他们过去常常会把用过的盘子放到水槽边的台子上。我还是要再走到水槽那里，把这些盘子放进洗碗机里。

现在，他们知道吃完饭以后，把盘子和杯子拿到水槽里冲洗，然后直接放到洗碗机里。

洗衣服同理。他们不再把鞋子和袜子脱下来之后直接扔到沙发旁边，然后就忘了。现在，如果他们脱了鞋，会直接把鞋拿进房间或者放到门口。

关于洗衣服，我甚至在步入式衣柜里放了两个洗衣篮。一个放深色衣服（用冷水洗），另一个放白色衣服（用热水洗）。既然我把脏衣服扔进衣柜的时候就能把它们分好类，为什么还要再重新捡起来进行分类呢？

◎如果你是一名……这要怎么实现呢？

企业家或者**职场人士**："凡事只做一次"
法则，有助于你只需处理收件箱前面的那些
邮件。

自由职业者："凡事只做一次"法则，
有助于你整理好相关文件。

学生："凡事只做一次"法则，有助于
你完成每项作业。

家长："凡事只做一次"法则，有助于
你使房间保持整洁，保证孩子学校送来的资
料及时完成。

秘诀十三

如果完成一件事的时间少于5分钟，
应该立刻就去做。

如果你不再一次又一次地反复做同
一件事，会节省多少时间呢？只做一次，
只做一次，只做一次。

第19天

改变清晨，改变人生

想象一下，你每天是否有固定的 1 个小时的"自我时间"，用来提升一整天的幸福感，提高工作效率，使自己更有创造力

用他们的话说——

> 我得到充分休息后醒来，花 30 分钟冥想，然后去健身区。在锻炼身体的同时，我会收听各式各样的音频节目。在这 45 分钟里，既进行体力活动，同时也进行脑力输入。不管最新消息多么重要，我早上起来做的第一件事绝不会是看新闻或者刷手机……我会小心翼翼地保护起床后的第 1 个小时，确保这段时间输入的信息都是积极向上、自由纯净的，是充满创意并且励志的。很多非常有创意的点子都是在我这段宝贵的时间里产生的，而且通常都是在我大汗淋漓之后。

对我们来说，睁开眼就要面对压力，因为有无穷无尽的待办事项需要完成，我们会立刻行动，这一切都是顺理成章的。回复隔了一夜的邮件，回复社交媒体上的消息，着手解决日程表上的第一件事。

即使我们本打算在家享用健康的早餐，或者在跑步机上锻炼，当我们进入反应模式时，就会很自然地想到，我要在路上买杯咖啡。今天晚上要锻炼，最好是快点到办公室把这些工作做完。

取得辉煌成就的人士，会把早晨的时间安排得高效且充满活力，并且能坚持下去。

◎我的"神圣 60 分钟"例行晨练

在本书的序言中，我分享了自己的一个

故事。当时我年轻气盛，由于过度劳累，不能自已时，就会从床上跳下来，在 20 分钟内洗完澡，冲到车里。就是在那种状态下，我从一位警察身边加速驶过；直到他把我拦下来，我才注意到他的存在。

回首那些岁月，我发现我活在一个危险的环境里。不仅如此，我的生活方式还影响了我的创造力、战略思维能力和整体的生产力。

好吧，我再也不要吃黄油卷，也不要从警车旁边飞过去了！最近，我的早晨是这样过的：

> 上午 6：00 — 6：20 起床，喂猫，打开咖啡壶，边喝咖啡边准备孩子们的午餐或早餐，送孩子们出门上学并给他们一个拥抱。
> 上午 6：20 — 6：21 大量摄取蛋白饮和水。
> 上午 6：21 — 6：22 感恩 1 分钟。
> 上午 6：22 — 6：27 全神贯注地冥想。
> 上午 6：27 — 6：40 打开播客，做瑜伽伸展。
> 上午 6：40 — 6：50 耐力训练：一组肌肉训练。
> 上午 6：50 —7：00 洗澡，穿衣。
> 上午 7：00 开始不间断地处理"要务"。

9 点的时候，我已经精力充沛，斗志昂扬地去迎接当天的工作了。

——丹·米勒，《纽约时报》畅销书《给你最爱的工作 48 天》《不再恐惧周一》和《智慧遇到热情》的作者

早上比家里人早起 15 分钟，上班比大家早到办公室 15 分钟。如果把花 15 分钟集中注意力思考作为每天早上的第一件事，生活中的任何难题都会迎刃而解。

——克雷格·巴兰坦，激流训练法创造者、网站编辑

　　我认为这是"能量 1 小时"的最短版本。不那么忙的时候，我会把边听有声书或播客，边做有氧运动的时间延长 30~60 分钟。

　　自从养成这种习惯之后，我惊喜地发现自己的感受发生了变化：

　　　　作为家长，我有了更多向孩子表达爱意的机会，这让我感觉很好。

　　　　蛋白早餐和水能使我清醒，让我饱腹的同时不会有迟钝感。

　　　　"感恩的态度"增加并扩展了我的幸福感。

　　　　我个人并没有注意到冥想带给我的好处，但我相信关于冥想的科学研究。如果我做冥想的时间不仅仅限于 5 分钟，我得到的也许更多。

　　　　简单的瑜伽伸展改变了我的生活，年近五十的我如果忘记做伸展运动，全身就会立马感觉到疼痛和紧张。

　　　　在进行伸展或有氧运动的同时，收听播客或有声书是为了让自己知道，我已经在其他事情到来前享受了一段"自我时光"。

◎高效能人士的晨起后习惯

显然，成功人士在早晨的习惯不会一模一样，但神奇的是你可以很容易地发现其中的共性：

大部分人都习惯在早上 6 点甚至更早的时间起床。

通过饮用大量的水来补充身体水分。

健康早餐，虽然每个人对健康的定义都不同（例如，水果和燕麦片、绿色混合饮料、蛋白质、低碳水化合物）。

运动。

很多人冥想、写日记或晨读。

在为**提姆·菲利斯**拍摄的一个短片中，**阿诺·施瓦辛格**分享了他每天早晨的习惯：

我早晨的日常安排非常简单。我每天早上 5 点起床，然后下楼去厨房开始阅读各种报纸，之后打开 iPad 处理邮件之类的事务……上楼去健身房，健身 45 分钟到 1 个小时，做心肺功能训练……

结束后吃早餐。我早上通常吃燕麦片，里面放点香蕉、草莓和蓝莓，混合起来吃，再喝点咖啡。之后洗澡、工作。

在**托尼·罗宾斯**的音频节目《极限边缘》中，他分享了自己的"能量 1 小时"：每天早晨他都要做一系列的呼吸运动，然后利用 10 分钟冥思他所感恩的一切，并在脑中将自己的人生目标形象化。之后，用 15~30 分钟的时间做某种运动同时反复吟咏。最近接受提姆·菲利斯的采访时，他也提到自己现在每天早上还进行冷冻训练，站在冷冻液压舱内，将温度降到零下 166 华氏度（约零下 110 摄氏度），持续数分钟。

肖恩·史蒂文森，健康健身专家，畅销书作家，播客《健康示范》节目的主持人。在接受本书采访时，肖恩分享了自己早晨的习惯：

精力是一切。我们每天都会产生一定量的意志力，如果我们的精力不够充沛，就会很快地消耗完这些意志力。我喜欢在早上处理大部分创造性工作，所以我要保证自己打开电脑时精力足够充沛。我起床后有三件事是必须完成的。

首先，我会饮用大概 30 盎司（约887.1 毫升）高品质的水，我把这叫作"体内沐浴"。由于新陈代谢，人体会在睡眠状态下积攒一些垃圾，喝水能促进人体新陈代谢，从而将这些垃圾冲洗干净。不管你是否清楚地认识到这一点，你的身体在起床时都是处于缺水状态的。而喝水能迅速平衡你的身体状态。

其次，短时运动。我会做 20 分钟或者更少时间的运动，像（用迷你蹦床）进行弹跳运动、轻快地散个步或者进行 Tabata 训练 [1]（只用 4 分钟）。这些运动不是为了六块腹肌（虽然也不耽误），而是为了释放像皮质醇、肾上腺素这样的压力荷尔蒙和脑内啡来帮助自己保持良好状态、集中注意力（并且研究显示，在早晨分泌此类激素有助于夜间睡眠）。

最后，少吃碳水化合物，多摄取脂肪，适度食用蛋白早餐。

1　Tabata 训练：Tabata 是一种高强度的间歇式训练。由日本东京体训大学的教授田畑泉提出，其主要概念为高强度运动 20 秒，休息 10 秒，持续 8 个循环，共 4 分钟。

《商业内幕》曾推出系列报道，介绍高度成功人士的晨间习惯：

加里·维纳查克，维纳媒体联合创始人兼 CEO，每天 6 点起床，查阅社交媒体和新闻之后，在教练指导下进行 45 分钟的运动，并在开车去办公室的路上给家人打电话。

漫画家**斯科特·亚当斯**，每天早晨有相同的习惯，周末和假期也是一样。他每天 5 点起床，但他在接受《商业内幕》采访时说："……睡到 3：30 对于我来说已经差不多了，我在这个点之后的任何时间醒来都能急忙跳下床。"他会选择咖啡和蛋白棒当早餐。

《**鲨鱼坦克**》栏目投资人、企业家**凯文·奥利里**每天早晨 5：45 起床，之后利用 45 分钟的时间骑健身单车健身，同时阅读新闻。

焦点品牌董事长**凯特·科尔**，每天 5 点起床，然后用 20 分钟的时间查阅社交媒体，同时饮用 24 盎司（约 709.7 毫升）的水，之后进行 20 分钟的锻炼，并且食用高蛋白的点心。

卡尔·纽波特，作家、教授，每天 6 点钟起床，饮用一杯水之后，带着他的狗去公园散步。散步的同时，稍作停歇并完成 25 个俯卧撑。

用他们的话说——

对于我来说，早起雷打不动的习惯就是首先进行 35 分钟的快走。出去呼吸新鲜空气、放空大脑，重新规划注意力，这些使我的早晨充满力量，开启了我美好的一天。

——约翰·李·杜马斯，播客节目《火爆企业家》的创始人兼节目主持人，该节目月收入超 25 万美元。杜马斯免费博客课程上提供为期 15 天的免费公开课

◎哈尔·埃尔罗德的晨间六部曲

哈尔·埃尔罗德是一名专业的演讲家、成功的教练，同时也是一位作家。他高度评价自己的晨间习惯，并认为这些习惯改变了自己的人生，为他的成功打下坚实的基础。他坚信在早晨进行某种仪式能给自己带来力量，甚至为此写了一本书，名叫《魔法早晨》。在接受我的采访时，他说道：

> 拥有魔法早晨的前提，是每天起床后把所有的时间都贡献给个人发展。这样你才能具备必要的能力，把想象当中的极致人生变为现实，让它比自己认为可能的时间更快到来，并且将这一点当成每天要遵守的纪律。大多数人为了取得更多成就会把精力集中在"做"更多上，但"魔法早晨"则聚焦于做出更多"改变"，这样你就会事半功倍。

通过总结自己的研究和经验，埃尔罗德发明出一套叫"人生 S.A.V.E.R.S"的系统。

S 代表"Silence（沉默）"（平和、

用他们的话说——

> 充满力量的早晨，能将你每天头 120 分钟所做的事变成一种习惯，其中包括 30 分钟的轻运动、伸展和冥想。
>
> ——杰夫·摩尔，两家海产品公司的董事长，创立了名为"周四晚间会议室"的国际策划组

感恩、冥想、祈祷）

　　A 代表"Affirmations（肯定）"（目的、目标、优先事项）

　　V 代表"Visualization（形象化）"（把目标或理想生活清楚地呈现在心里）

　　E 代表"Exercise（运动）"

　　R 代表"Reading（阅读）"（关于自我提升的书籍）

　　S 代表"Scribing（书写）"（日记）

　　埃尔罗德充分说明了无论你已经取得多么大的成功，善用早起的第一分钟都能让你更上一层楼。

用他们的话说——

　　关于产出率我最好的建议就是早起。早起能让你有自省和准备的时间。一般来说，我尽量在每天早晨 6：30 到办公室。

　　——克里斯·迈尔斯，财务规划工具 BodeTree 联合创始人兼 CEO，《华尔街日报》《福布斯》《企业家杂志》和微软全国广播公司节目（MSNBC）活跃投稿人

◎ 如果你是一名……这要怎么实现呢？

　　企业家：用"神圣 60 分钟"开启一天，能帮助你塑造思维能力，能让你在遇见创业不可避免的挑战时保持理性。

　　职场人士：用"神圣 60 分钟"开启一天，能为你在追求事业成功的道路上打下身心健康的基础。

　　自由职业者：用"神圣 60 分钟"开启一天，

能提高你全天每小时的产出。

学生：用"神圣 60 分钟"开启一天，能在考试周时帮你缓解压力。

家长：用"神圣 60 分钟"开启一天，能增强你的耐心和幸福感。

秘诀十四

用每天的第一个 60 分钟来提升思想力，改善身体和精神状态。

明天早晨你会把闹钟设定在几点呢？

第20天　精力就是一切

8 小时完成 12 个小时工作的真正秘诀

◎你没办法拥有更多的时间，只能获得更多的精力

如果时间管理的终极秘诀跟时间一点关系都没有呢？你无法"控制"时间，无论你做什么，明天和今天一样只有 24 个小时。人们所谈论的"时间控制"，实际上是指在更少的时间内办更多的事情。而实现这一点真正的秘诀是，将你的精力最大化。

如果把这个秘诀放在前面，我想你根本就不会看它或在意它，所以我把它留到了最后。但它在所有秘诀中占有重要的位置。

◎红牛国度

你有没有过读书永远读那一段，无法往下读的经历？

你有没有在做重要研究时思绪游离到别处的经历？浪费好几分钟没有做任何事？

你在午餐过后的一到两个小时里是否感觉昏昏欲睡？那时你能完成多少工作？

你是否趴在桌子上睡着过？如果那时你正在开会呢？

你是否在"头脑风暴"时想不出任何好点子？

如果你大部分的回答是"是"，那你就可以亲身体会到我们身体和精神的能量不是持续不变的，而且直接影响到我们的生产力。

你知道吗？每年人们会消费 400 多万罐红牛饮料。有报告称，5 小时能量（美国热卖的浓缩装的能量补充液）的生产公司每年的利润超过 6 亿美元。

用他们的话说——

不要牺牲你的睡眠时间。早晚你会补回来。牺牲睡眠不会使你发挥最佳水平，反而会让你生病。

——威尔·迪安，加拿大赛艇运动员，曾参加 2012 年伦敦奥运会和 2016 年里约奥运会不管在哪里都有疲劳的人，他们都在寻找能快速恢复的方法。虽然能量饮料可以带给我们一段时间的活力，但它无法消除大脑长期的疲劳，而我们却已经对这种疲劳习以为常。

用他们的话说——

我得知道自己在什么时间能最好地完成最重要的工作（早晨写小说），什么时候会变得懒散（开完会议或者制作完播客之后），什么时候做脑力消耗较少的工作（下午）。重要的不是最大量地完成工作，而是把我的能力和我某些时段的需求理想地匹配起来，从而做到在什么时间做什么事。

——强尼·B.图尔特，最受欢迎的"自媒体播客"共同主持人，《写作、出版、重复：不需要运气的自我成功指南》的作者之一，创作的小说累计超过 250 万字

◎科学法则教你将生产力提高六倍

我是一名作家。

我的写作速度不快。这就成了一个问题，因为……我是一名作家。

大约一年前我对自己的生产效率做了一次记录，发现我每小时写 500 字左右。大部分职业作家的写作速度至少是这个数字的两倍。

为了让下一本书进展得更顺利，实际上就是这本书，我自然而然地产生了一个想法，那就是"通过管理时间"来管理我的写作。我可以将所有需要写的东西，制成一个列表，把它们按照优先顺序排列，确保每天有写作的时间。我把干扰因素控制到最少，也更频繁地说"不"。我试着从每天、每周、每个月中，"找"出更多的时间。就像这本书最

后所引用的那些话一样，我甚至外包了部分调查研究工作。

这些都在一定程度上帮助了我。

后来我发现在早晨 8 点左右写作，不会受到那么多干扰。孩子都去上学了，我精神也好，咖啡也开始起作用。对比了早晨和下午的写作之后我发现，在早晨我平均每小时可以写 750~1000 个字；而下午由于有些疲乏也开始考虑晚上的活动，我每小时只写了 250 个字。是的，整体平均下来是 500 字，但在同样长的 60 分钟内，由于早晨和下午我的状态不同，所带来的结果也发生了戏剧性的变化。

在《写作：更快、更好》一书中，其作者莫妮卡·丽奥内尔分享了自己写作速度从每小时 600 字提高到每小时 3500 字的经验。她提到：

> 她每写作 25 分钟就休息 5 分钟，这样她的生产率提高了 50%。这些短时间的恢复，使得丽奥内尔在全天范围内将自己的状态维持得更久。

> 由于手腕和手指的不适，她的写作方式从键盘打字换成了口述。这种转换

用他们的话说——

规划时间非常重要，它不仅能帮助你休息，还能让你重新集中注意力。

——卡蒂·恩兰德尔，美国俯式冰橇运动员，曾参加 2006 年、2010 年和 2014 年的冬季奥运会

每次至少运动 1 到 2 分钟，让血液加速流动。简短的运动能使我们积蓄巨大的能量，并且给大脑提供所需的氧气。这些能量甚至能让我们接管全世界。

——亚伯·詹姆斯，畅销书作家、音乐家、播客主持人、其主持的 *Fat-Burning Man* 位列健康节目榜首

用他们的话说——

不要为了提高工作效率而牺牲自己的睡眠时间。许多年轻的企业家相信创业时极少的睡眠，足以支撑自己完成工作。但长期缺乏睡眠（更重要的是休息不足导致的思维短路）会使你变得迟钝、滞后。

——马克·西森，畅销书《原始蓝图》作者，原始营养公司的所有人

我们需要短时爆发式的高产工作而不是长时低产的工作（这里面 80% 的时间都消耗在了刷脸书上）。番茄时间管理法这样的策略可以集中注意力，增加生产效率。

——约翰·拉莫斯，葡萄牙科英布拉大学全优生，"学生力"网站作家

使得她的写作字数又提高了 33%。

从键盘上解放出来后，丽奥内尔开始边散步边口述小说。最终，她的写作字数提高了 25%。

丽奥内尔无法投入更多的时间，所以只能设法通过提高效率来增加产出，就好像她的工作时间被"延长"了 6 倍一样！

◎生产率最高的人往往休息得更好

能量计划创始人托尼·施瓦茨说过，造物者为人体设计了"脉搏"，来提示能量由消耗到恢复的过程。他通过研究发现人类在生理上每 90 分钟就会自然地由精力充沛、注意力集中的状态转变为疲劳状态。我们的身体会发出休息和恢复的信号，但我们会通过饮用咖啡、功能饮料和摄取糖分来干涉这个自然的过程，或者直接让自己工作到精疲力竭。施瓦茨建议全天每 90 分钟喝水、散步或者吃一些健康的零食，来让自己休息一下。他的秘诀是："工作 + 休息。"

弗朗西斯科·西里洛发明的番茄时间管

理法（前一章节中丽奥内尔使用的方法）就蕴含了这种理念：先设置一个计时器，计时25 分钟，集中精力进行一项工作，之后起身走动休息 5 分钟，补充一下水分，并循环重复这个过程。

Draugiem 集团通过软件跟踪捕捉员工工作时间和工作量发现，相比其他员工，工作量排名前十的员工并没有延长工作时间，相反，他们休息得更多。高工作产出的员工，平均每 52 分钟就休息 17 分钟。

如上文所述，不管是全力工作 25 分钟、52 分钟还是 90 分钟，之后都需要休息。这个过程的重点，不在于工作和休息的具体时长，而在于制定最适合自己的"工作 + 休息"模式。我们的认知能力，在一天当中并不会一直保持最佳状态，所以必须要让大脑得到休息，不断"充电"，保持工作产出。

◎健康是精力的基石

最能提高整体精力水平的方法，当然就是保持身体健康。我们都知道这一点，但确保高生产率的关键还包括：

用他们的话说——

做任何事情都要计时。截止期限可以让你的产出更高，所以我用番茄时间管理法。

——伊恩·克利里，获奖营销技术博客 Razorsocial 创始人

我相信自己可以在 25 分钟之内完成任何工作（甚至是讨厌的工作）……打开番茄时间网站（免费网站），点击那个番茄，然后投入到任何我一直拖着没有做的事情当中。

——克里斯蒂·米姆斯，《福布斯》100 强职业类网站 The Revolutionary Club 网站创始人

对于我来说，每天保持头脑清醒的方法，就是在午餐时间运动一下。大部分是

在下午 1 点的时候。那时我已经工作了 7 个小时左右，所以我需要放空大脑，消除疲劳，再次给自己充电，确保自己仍然拥有上午那样的精力和专注力，来完成下午的工作。

——穆罕默德·德沃基，坦桑尼亚穆罕默德企业有限公司 CEO，被《福布斯》评为非洲最年轻的亿万富翁

养成每天进行高强度锻炼的习惯。身体越健康，头脑越清晰，做出的决定就越正确，能取得更多成功。

——J.T. 奥唐纳 CareerHMO & Careerealism CEO。作品被《华尔街日报》《今日美国》《纽约时报》《波士顿环球报》等多家媒体引用

足够的睡眠

尽可能少地饮酒

尽可能少地摄取咖啡因，尤其是在白天快要结束时

多吃天然健康的食品，少吃加工食品

体重保持在健康范围内

多喝水

坚持每天运动（20 分钟的快走就可以）

◎如果你是一名……这要怎么实现呢？

企业家：扩充精力、增强思维的敏捷度（能使你在同样的时间内完成更多事情），能更好地平衡你的生活。

职场人士：扩充精力、增强思维的敏捷度（能使你在同样的时间内完成更多事情），可以帮助你回家和家人共进晚餐。

自由职业者：扩充精力、增强思维的敏捷度（能使你在同样的时间内完成更多事情），能帮助你在犯困的下午提高生产率。

学生：扩充精力、增强思维的敏捷度（能

使你在同样的时间内完成更多事情），能帮
你减少"填鸭式"通宵学习的次数。

家长：扩充精力、增强思维的敏捷度（能
使你在同样的时间内完成更多事情），可以
增加你对家人的耐心。

秘诀十五

精力和注意力决定生产率，而不是
时间。

明天你会怎样增加自己的精力呢？

第21天　行动起来！

如何将 15 个关于时间和生产率的秘诀浓缩成一个简单易行的系统呢？

用他们的话说——

> 我通过开发和维持一套系统来保持自己高产的状态，我叫它"个人运转系统"。它不仅是一套流程、工具，还是一组检查站，决定我每天该怎样完成工作。这套系统的具体细节因人而异，但重要的是你要有一套这样的系统。
>
> ——科贝特·巴尔，企业家培训和社区平台 Fizzle 的联合创始人和 CEO

记住，没有一个系统可以适用于所有人。你不必为了提高生产率而把 15 个秘诀全部融合进来，最重要的是我们在了解成功人士的习惯后要结合自身情况，让他们的习惯通过适合自己的方式帮助到自己。

为了能够帮助大家立即行动起来，我将所有的研究发现简化成了一套简单的系统，我叫它 E-3C 系统。E 代表了 Energy（精力），三个 C 分别代表了 Capture（捕捉）、Calendar（日历）和 Concentrate（专注）。

◎ E-3C 工作法的核心：精力

第一步——是 E-3C 系统中最重要的一部分——Energy，也就是**精力**。

我们的时间是固定的，但我们的生产率

是可变的。扩充精力、增加注意力，是在同样时间内取得 10 倍生产率的最重要秘诀。

高效能人士都会保证充足的睡眠。

高效能人士都会食用可补充精力的食品并坚持锻炼。

高效能人士都会坚持在早晨举行一个仪式——像冥想、写日记、补水、练瑜伽——来为一天的精力以及清晰敏捷的思维打下基础。

高效能人士都会把工作与休息穿插进行，以保持最佳状态。

◎第一个 C：捕捉（Capture）

E–3C 系统的第一个 C 代表 Capture（捕捉）。

你必须把所有的、任何的事情"捕捉"到笔记本当中，而不是试图用大脑记录事情。试图用大脑记住要做的事、要打的电话和要买的东西，最多就是扩展了你的认知负荷，但同时这样也带来了不必要的压力，甚至导致工作无法完成。

成功人士坚持随身携带笔记本并且用笔写下所有需要记忆的东西。另外，他们也会为电话、会议、新思路、学过的课程、喜欢的语录和其他的事情做笔记，为未来提供可以参考的信息。

把笔记本当成你的另一个大脑。笔记本记录得越多，你真正的大脑就越不会被填得那么满！

我相信纸质笔记（像 Moleskine 笔记本或类似设计的笔记本）的效果最好；你永远都可以在做完纸质笔记之后把它扫描进印象笔记里，甚至让管理员或者虚拟助手帮你完成这一步！

另外，这个方法能防止你忘记重要的待办事项，确保他人落实责任，并且能够使你学习并积累到经验，从而提高效率。

在记录待办事项时，记住：越快越好，因为你接下来会在日程表上安排。

◎第二个 C：日历（Calendar）

E-3C 系统的第二个"C"代表 Calendar（日历）。

这也暗示了我们**不要将待办事项做成列表**！直接将待办事项标记到日历上。

成功人士都有一套明确清晰的价值体系，并根据这套价值体系确定最优先事项和最重要任务（"要务"）。你必须在日历上为"要务"划分出时间。同样，也要为其他支持你价值观念（例如，健康、关系、回馈等）并且反复进行的活动划分出时间。

成功人士也会给每天设定主题。工作方面，周一可进行一对一的会议，或者每周一次的团建；周三的主题为"无会议日"或"午后办公日"。家庭方面，周日可以采购、洗衣，也可为下周的每天提前准备好健康膳食。

成功人士会保证自己的时间安排，因为他们知道，实际上也感觉到没有什么能比时间更重要。他们会对任何影响自己重点事项的人和事说"不"，并且尤其警惕"远处的大象"。他们只做无法放弃、委派或重新设计的事情；他们只花费时间完成 20% 的事情。

用他们的话说——

一次只做一件事。别再同时做好几件事！

——迈克·佳能·布鲁克斯，澳大利亚软件公司 Atlassian 的联合创始人

时间管理应遵循以下基本原则：做一件事，并且完成前只做这件事，之后再做其他安排。这意味着你工作的时候要把手机放在一边，不要让短信、Snapchat、推特和 Instagram 分散你的注意力。

——伊丽莎白·波夫莱特，沙文略大学预备高中全优生

用他们的话说——

关掉你移动设备的所有消息提醒，只在有时间或者已经为它安排出时间时查看。当然了，我妻子是特殊案例。不要让科技控制你……你要控制你的科技设备。

——米奇·乔尔，国际数字营销公司Mirum的董事长，著有《重启》和《分离的六个像素》

而这些事却可以带来 80% 的价值——其余的都放弃不做。

◎第三个 C：专注（Concentrate）

第三个 "C" 代表 Concentrate（专注）。

成功人士走在日程安排的前面，并且不会回应可能引发其他事情的因素。例如，即将到来的邮件、社交媒体信息，或者 "只耽误一分钟" 的会议。

成功人士不会同时进行多项任务，他们每次只会全神贯注地做一件事。

成功人士通常会在上午精力处于峰值时，专注处理要务和优先事项。

成功人士会全天将工作与休息交替进行，以此保持精力集中和工作产出。大部分人每 30 至 60 分钟须休息 5 分钟。

◎行动起来，就是现在！

我并不收藏艺术品，但当我碰巧遇见艺

术家彼得·滕尼的一幅综合材料绘画作品时，我不惜一切代价地买下了它。它传递了一个简单的信息：那个时机永远是现在。

　　要有思想、有目标地活着。

　　记住，一天只有 1440 分钟。

附

录

◎ 20 个管理时间和提高生产率的方法

上文分享的 15 个秘诀，是最能帮助你获得强大生产效率的基本原则。下文则在节约时间方面为你提供更多可用的技巧和秘诀。

1. 每次下厨不要只做一餐。做饭的过程存在许多无效的时间。计划采购、准备工作、烹饪、清扫。出于个人爱好，我经常自己做饭，每次做饭都要确保一次性能做出两或三餐。我个人不介意连续三个晚上吃一样的健康餐。我工作日吃饭，主要是为了健康而不是享受。

2. 卸载手机备忘录。我记性非常不好，但我也学会了不用手机做短期备忘。我可能会用照片记录一些事情：酒店房间号、停车位、一瓶好红酒的酒标、朋友介绍的好书、记满了优秀笔记的白板或者代客泊车票。这样不仅很简单地缓解了压力，还能在找房间和车时节省出几分钟乱转的时间。

3. 将手机设置为静音并且关闭所有提

醒。贯穿本书的一个主题就是将注意力集中于工作，如果你的电脑、手机或者其他设备经常冲你"大喊大叫"，这绝对是一件令人疯狂的事。除非我的孩子夜晚外出或者要回应紧急情况，否则我的手机会一直处于静音状态。没有必要对推特、脸书上的每个私信或者邮件设置消息提醒。

4. **早餐时饮用健康的蛋白奶昔**。现在，你可能就在为节省时间而放弃吃早餐，或者在星巴克或唐恩都乐买咖啡和甜甜圈。但这都不是好主意。记住，这是为了生产效率而不是时间，蛋白奶昔可以让你一上午都精力充沛、思维敏捷，还能够增强新陈代谢，实际上相比不吃早餐，这样能让你燃烧掉更多的卡路里。而且，做奶昔的时间，总比停车、走进甜甜圈店里、排队、等咖啡再走出来的时间要少。

5. **永远不要看电视直播**。为什么？因为直播电视有广告。把想看的节目录下来，这样再次观看的时候就能省去很多广告时间。除非你想看实时的体育赛事或者《男大当婚》马上就要大结局了。但是，你真的有必要在电视节目直播的时候观看吗？

6. **千万不要看电视！**大卫·米尔曼·斯科特，市场营销战略家，主讲嘉宾，著有包括《新规则：用社会化媒体做营销和公关》和《即时公关技巧》在内的 10 本畅销书。在关于这本书的访谈中他告诉我：

根据尼尔森调查公司提供的数据，美国人每个月平均花费在看电视上的时间为 158 个小时！每年就是 1896 个小时。这些时间可以用来写一本好书或者开一家公司了。想要六块腹肌吗？去运动而不是看电视。不看电视，一年可以为你增加近 2000 个小时的时间。想象一下，你可以用这些时间来做些什么！

7. **聪明地使用你的驾驶时间，**想一想你一年会花费多少个小时来开车。上下班通勤、开车去见客户、开长途去看父母。即使你只需要开 30 分钟的车去上班，一年也要 200 多个小时，累计将近 10 天。我们经常条件反射式地认为这些时间都是固定的，所以把喜欢的音乐开到最大，使自己和这个世界隔离开来。其实你可以利用好这些时间，想想你需要打的电话，不论是为了工作还是为了联系家人及朋友。你也可以考虑收听新闻或者思考一下怎样去执行下个计划，甚至学一门外语。当然，你还可以通过使用手机广播软件轻松地找到非常棒的节目，用两倍的速度去听节目，以此来节约更多的时间！

8. 给他人打电话前要提前通知对方（当然社交电话除外）。你突然打给别人电话却被转进语音信箱，这样的事多久发生一次？"嗨，简，我就想问问销售会议进行得怎么样了，给我回电话。"之后简给你回了电话。当然你也在忙，所以简只能给你留言："嘿，我是简，我打来给你回信，请回电话。"以此循环往复，像打"电话乒乓球"一样。相反，发出议事日程邀请或者发邮件询问："简，我们电话跟进一下销售会议的情况，明天东部时间上午 11 点可以吗？要是不行，告诉我几个你有空的时间段。"强调"几个"是为了避免"电话乒乓"的情况，这样你们就不用相互找时间了。

9. 尽可能地避免生活中的高峰时期。这个秘诀可以为你一周节省许多分钟，一年里节省出许多个小时。在完成必须事项时，只要简单地改变一下时间就可以。将食品杂货的采购时间，从繁忙的周六上午改到周五晚上或者周日早上。不要在交通高峰时间安排与客户见面。不要在午饭时间去银行。

10. 使用两个显示器。双显示器是在处理电脑工作时获得高效率最简单的方法之一。它完全避免了窗口来回切换的麻烦。我在实际工作中，会使用一台单显示器的电脑和一台双显示器电脑，所以，我是同时在使用三台显示器工作。即使你只有两台显示器，你也可以用一台打字，用另一台在网络上查看研究材料；用一台显示器预览代码，用另一台纠错。如果你并不处于工作冲刺的状态，你可以用一台显示器监控邮件流量或者查看日历，用另一台完成建设性工作。

11. 制定终止事项列表。著名商业思想家吉姆·柯林斯常说，你的"终止事项"列表即使不比待办事项列表更重要，也与它处于同等地位。他在 2003 年的一篇文章当中，介绍了出色企业对于这一方法的实践案例，他自己也会在新年的许愿时间，制定他的终止事项列表。简洁和极简主义可以释放你的思维，解放你的时间表，让你能够做更有意义的工作。

12. 提醒他人有"截止时间"。有一次我在向一家大公司的 CEO 做报告之前，新接下了几个重要的职责，很快我就忙得不可开交。我 CEO 的助手主动提出要帮助我。两个星期后，她说："你真的需要按照你的截止时间来工作。不要因为别人而拖延自己已经为他们规划出的时间。"真是很好建议。自那以后，每次我开始会议，尤其是打电话时，我都会先说："开始之前，我需要提醒你，我们只有 30 分钟的时间，3 点一到我会立即结束……"这样可以提醒所有人，这不是一次随意的、闲散的会议，不能任其进行。这条建议对于 10 分钟或 15 分钟的会议尤其重要。

13. 与生产率高的人在一起"玩耍"。这听起来很傻，但却很有力量。如果你最好的工作伙伴每次都需要花费 90 分钟吃饭，那你很可能也会这么做。如果你的社交圈经常举办"欢乐时光"、讨论前一天晚上的真人秀内容，那你也很可能会继续这种行为。这时，你可以考虑升级你的工作朋友圈和其他社交

用他们的话说——

我不会延长活动的时间。我每天戴的手表走时并不标准，我也不会去校正它。我尽可能快地、尽可能多地完成工作，不在小事情上浪费任何时间。如果我搞砸了，我就返工把它做好。

——格兰特·卡尔多内《纽约时报》畅销书作家、营销专家、四家公司的创始人

圈。如果出于某些原因，你身边没有这样的"高产忍者"，那你可以通过线上和他们进行交流。我本人加入了一个由企业家、作家、跑步选手等人士组成的脸书群。这样相互鼓励、分享高生产率经验、督促彼此坚持在通往成功的道路上前进，是非常好的社交方式。

14. 别让周围的人打扰你。《华尔街日报》2013年9月11日的一篇报道称，工作中最能让你分心的不是邮件或即时信息，而是面对面的打扰。如果你在家工作，对家人说明在此期间不能打扰你。如果你在办公室工作，可以在门上挂一个"请勿打扰"或"（时间）点回来"的牌子，或者在办公室入口贴上黄色警示胶带。如果你是老板，可以考虑为整个办公室规划出几个小时的安静时间。

15. 成打地买生日贺卡。是不是每次有朋友过生日时，你都要出去买卡片？或者只在有需要的时候才冲出去买需要用的卡片？下次再出去时一次性买10至20个卡片——只要够用一年就行——和一排邮票，把它们放在抽屉里以备不时之需。想一想，这能在一年中为你省下多少个15分钟。

16. **使用电子方式付款。**你一两周就要用支票和印章这样老式的方法结一次账单吗？太浪费时间了。在电子账单上签字就好了，不管何时都尽可能地使用信用卡付账，这样你还能攒积分。为避免缺钱的情况发生，在活期存款账户留一些钱是必要的。少用现金结账，能为你省下不少时间。

17. **不要接陌生来电号码。**如果来电号码不出自你的通讯录，那这个电话基本不可能是你的家人、朋友或大客户打来的，更可能是推销电话或者打听到你号码的朋友的朋友。即便是熟人的来电，也最好安排出专门的时间来接听。

18. **拥有一名商业教练、导师或者一个策划团队。**这听起来并不是一个常规的时间管理建议，但听取前人的经验，总是能帮助你节省大量的时间（更不用说节省金钱和避免挫折）。

19. **通过多种渠道释放信息。**《内容营销时代》的作者乔·普利兹建议："提前计划你的内容创作。大部分人都在以内容为最优先来思考，像发布博客或者脸书，但最好的是以故事的方式，以及你用几种方式去讲述这个故事来思考，例如文章、博客、书籍、网络研讨会、多媒体社交发布、电子书、播客等。只要你提前计划，就能节省出很多时间。"

20. 完成比完美更好。软件开发者经常说："产品的发布比完美的产品更好。"并且一旦 1.0 版本的软件上市，之后很快就会有 1.1、1.2 版本等来修复初始版本中不可避免的漏洞。作为一个作家，不断地打磨作品对我来说不是难事……我总是有新的想法、素材、更好的措辞，但相比作品永远不为人所知，不完美地发表总是更好。

◎ 7 位亿万富翁的高效秘诀

"亿万富翁。"单单说这几个字，就能抓住人们的眼球。地球上 70 亿人口里，只有 1645 个人是亿万富翁（2015 年《福布斯》数据）。

那些白手起家的亿万富翁，在工作方式上会和其他人有所不同吗？你认为他们是否知道一些有关时间和生产率的知识，从而帮助他们成为亿万富翁？

我一共联系了28位亿万富翁，让我惊喜的是，他们之中有7位回复了我，虽然回复的内容十分简短。之前，我联系了800位"常规"百万富翁和创业公司CEO，有四分之一的人回复了我。这两次联系的回复率，其实是一样的。实际上，马克·库班在我发出邮件仅仅61分钟后就回复了我（对，我算着时间呢）。

虽然回复者的数量不多，但值得注意的是，7位亿万富翁中有3位给出的建议都与会议有关。不管是早上不召开会议、每周有一天的无会议时间还是"除非开支票，不然不开会"（库班），都说明了这些高度成功的人士对于会议的苦恼格外留心。

亿万富翁们针对企业家提出的其他建议，还包括不要同时进行多项任务、学会自省，以及不要让与成功无关的事情打扰你。

下列是他们对时间和生产效率提出的建议。

内森·布莱卡斯亚克，Airbnb联合创始人。在关于此书的采访中，内森向我提供了最初发表于生活黑客网站的一条建议：

我试着反向标记我的日历，从每天结束的时间往前推；我试着把早晨改为"真正的工作"时间。我发现我在早晨的注意力更集中，但是经过会议的轰炸之后我很难集中注意力，所以我会尽量把会议安排在每天的晚些时候。

迈克·佳能·布鲁克斯，澳大利亚软件公司 Atlassian 的联合创始人，在全球范围内拥有 35,000 个客户，他给出的关于提高生产效率的建议是：

一次只做一件事。别再同时做好几件事！

马克·库班，达拉斯小牛队、木兰影业、陆标院线的所有人，AXS 电视董事长并在电视节目《鲨鱼坦克》中担任嘉宾：

除非事关公司要开支票，不然永远都别开会。

穆罕默德·德沃基，位于坦桑尼亚的穆罕默德企业有限公司担任 CEO，被《福布斯》评为非洲最年轻的亿万富翁。在接受此书的采访时，他建议：

在保持心理健康的过程中，为自己创造时间这一点非常重要。心理健康对于成功的重要性不言而喻。从我个人的经验来看，人们在着手做一件事和突破现阶段成绩时，精力和注意力水平会越来越难维持在最佳状态。尤其当你一整天都要筛选数百封邮件和在一场接着一场的会议中来回穿梭时，一天下来，视觉疲劳、大脑迟钝才是正常的现象。

对于我来说，每天保持头脑清醒的方法就是在午餐时间运动一下。大部分是在下午 1 点的时候。那时我已经工作了 7 个小时左右，所以我需要放空大脑，消除疲劳，再次给自己"充电"，确保自己仍然拥有上午那样的精力和专注力来完成下午的工作。每个人都有不同的方式来保持精力充沛，为自己的"电池"再次充电。无所谓这个方式到底是什么，但你必须找到你自己的方式，并为此创造时间。我强烈支持新生企业家重视这则建议，因为清醒的头脑是他们成功的关键。

安德鲁·梅森， Detour 联合创始人，高朋网前联合创始人及 CEO。在接受本书采访时，针对生产率他提出以下建议：

相比提供一个具体的建议（我有几吨建议，但都不是很高深的东西），我更想说实际上在我的经验当中，严格遵守这些习惯是成功人士一个很大的特质。正是这个特质将他们与其他人区分开来。

我经常能看见比我聪明却没有我成功的人，因为他们缺乏自律和自信来反观自己是否具备能力来完成自己想做的事，并且无法从中找到逐步提高的方法。令人惊讶的是，这对于我就很简单。让我十分痛心，因为我搞不明白为什么人们就是不愿意认真对待这一点。

如果我要在商业电子游戏中建立一

个角色，有 10 个资质点可以分配，我会把 3 个给智商，7 个给自律。

达斯汀·莫斯科维茨，Asana 和脸书的联合创始人。在本书的采访中，他给出的关于提高生产率的建议是：

> 每周为你和你的团队留出一天的时间来完成个人工作，并且不被会议及其他任何事情打扰。在 Asana，我们设有"无会议周三"来促进整个公司的运行和产出。

马克·平卡斯，Zynga 的联合创始人兼 CEO。在接受本书的采访时建议：

> 如果你想打造出色的产品，那就把 50% 的工作时间投入在产品上。如果你无法判定你的发言会对用户或公司有益，就不要说话。

没有人会对"一流的时间管理是成为亿万富翁的关键"这一观点提出异议。这些快速登上商业成功顶峰人士的智慧，必然会加速你的成功进程。

◎ 13 位奥运会运动员的时间秘诀

奥林匹克运动员是怎样保持自己的注意力、自律和精力的呢？没有赞助的运动员，怎样平衡"正式职业"与训练、家庭责任的呢？

相比其他任何群体，奥林匹克运动员也许才是真正与时间赛跑的人。四年一届的奥运会，随着每一天的过去，运动员也离这个重要的日子越来越近。那可是几分之一秒就能决定胜负的瞬间啊。

与我之前采访的其他非常成功的人士相似，奥运会运动员也强调了日历标记行程和明确重点的重要性。

但是，运动员这个群体不一样的是，他们格外多地提及了睡眠的重要性和恢复精神的必要性。

体操运动员香农·米勒说道："想做到

最好，你就需要经历一些不好的时刻。不要为打个小盹而感到懊恼。"俯式冰橇运动员卡蒂·恩兰德尔建议："规划时间非常重要，它不仅能帮助你休息，还能让你重新集中注意力。"自行车手克里斯·卡尔麦克相信："休息可能是时间管理中最被人们忽视和低估的一点。"

以下是所有我采访到的奥林匹克运动员所提供的建议。

萨拉·亨德肖特，美国赛艇运动员，曾参加 2012 年伦敦奥运会和 2016 年里约奥运会。她建议：

我的观点是当我有精力和注意力去做决定时，我基本上会先规划出明天要怎么过，怎样完成待办事项，分配给每一件事多少时间，这样在真正做这件事时就不用做那么多决定了。

我会随身带一个 Moleskine 笔记本，用来当作训练笔记和工作笔记。我家里有整整一个书架的笔记，这样我就能一直回顾之前的经历，从中得到可以借鉴的信息。

我其实不用日历。我会拿笔记本里某一页来充当日历……所以，如果我上午7：30到家，我就要用7：30到8：00的这段时间写这封邮件。之后8：00到8：15之间我需要更新这个记录。我是这么做计划的。

当运动员就要放弃很多东西，很多时刻或者事情我必须跳过。我基本上已经习惯说"不"了。了解自己的极限是件好事，也不要试图去突破这个极限，因为每次我这么做时都会受伤或者生病。

香农·米勒， 1992年和1996年任美国女子体操队队员，曾获得7枚不同的奥运会奖牌，是美国历史上最负盛名的体操运动员。她建议：

在训练期间，我通过制订具体的计划来平衡家庭、杂事、学校、奥运训练、在公众面前亮相和其他职责之间的关系。在某个特定的时间我必须完成一些事，比如上午7~8点和下午的3：30~8：30之间要训练，所以我被迫确定事情的优先顺序。这些时间是固定的。其他所有事项都要围绕这些时间展开，将重点放在对完成目标有最关键作用的事情上。最重要的是，把它写下来。直到今天，我仍保持着做计划时精确到分钟的习惯。如果你也这样做计划的话，你会发现很多零碎的时间都没有得到最大利用。比如，在飞机或者公交车上做作业。利用高质量的小睡，来恢复身体而不是在网上浪费一个小时。每一天都专注于能帮助你完成目标的事情上。每一个瞬间都很重要！

威尔·迪恩，加拿大划艇运动员，曾参加 2012 年伦敦奥运会和 2016 年里约奥运会。他建议：

找一个大日历。你也可以在手机上做人生计划，但手机并不能给你和日历一样相同的视角。

在你很忙的时候不要觉得拒绝别人很难为情。别人总想占用你的时间，虽然看起来都是小事，但很快就会累积起来。把运动和健康列为重点，在不牺牲这两者的前提下，再将其他事情作为重点。

你要认识到好的时间管理并不意味着一整天的工作都要有高产出。为了做到最好，你也需要一些放松的时间。不要觉得小睡一下、看会儿电视或者散步是糟糕的事。

不要牺牲自己的睡眠时间，否则你不但发挥不了自己的最佳水平，反而还会生病。

布里亚娜·斯卡莉，美国女子足球队门将，在 1996 年和 2004 年各获得一枚金牌。她建议：

在追求值得你花费时间去做的那些事情时，注意力毫无疑问是必要的。无论是在运动、学术或者商业领域，要想获得最高水平的成就，必须有不管怎样都要实现目标的信念。我们社会所有伟大的成就都离不开这个要素。

距离奥运会还有 6 个月的时间时，

我会把所有要做的决定与赢得金牌这个最终愿望联系起来。我每天都会反复地问自己一个简单的问题："这件事能让我的表现更好从而帮我赢得金牌吗？"

尽管做这件事需要花费我一天的时间或者后退一小步，但它能引导我前往正确的方向或者使我有更好的视角。记住这个愿望帮助我选择了最好的行动道路来完成目标。后来我清楚地认识到，正确的决定可以使你更遵守纪律、注意力更集中。

罗伊·艾伦·伯奇，百慕大游泳健将，曾参加 2008 年和 2012 年奥运会和 2016 年里约奥运会。他建议：

为了达到运动的顶峰，需要我们有严明的纪律。每天都有大量的训练，不训练时你需要尽可能地恢复自己，为下一次运动做准备……这一点很重要。制订详细的计划，可以让充分利用每一天的目标更简单易行。相比思考既定时间内应该做什么，不如在需要恢复或训练时就去恢复或训练。世界上有数以千计的运动员都在很努力地训练，所以谁可以更充分地利用时间就变成了比赛获胜的关键。

卡蒂·恩兰德尔，美国俯式冰橇运动员，曾参加2006年、2010年和2014年冬季奥运会。她建议：

管理时间最重要的几点之一就是制订计划，这意味着你每天都要有一个重点，每周都要有一个目标。如果你是运动员，每天都要训练和比赛，那么休息是极其重要的，这样你的精神和身体才能每天保持在最佳状态。计划好自己的时间也非常重要，这样才能休息或重新集中注意力。

同样，当你参加竞技体育赛事时，你必须让自己适应和克服你面对的困难。一天结束后，你要看看整体过程进行得怎么样，不是长期目标，也要看一下自己对于变化的适应能力如何，因为事情的进程是不断进化的，而且永远不可能完美。遵守纪律的关键是，争取做到完美，但同时也要知道完美是不可能达到的。争取做到完美指的是你愿意去学习和克服困难并寻找解决方案。这是个日复一日的过程，如果你方向正确并且将注意力集中到每一步，你就可以有所收获。

安德鲁·维布雷切特，美国滑雪队队员，曾在 2010 年冬季奥运会赢得铜牌、2014 年冬季奥运会赢得银牌。他建议：

在某种意义上，这件事对于我来说，与其说是管理，不如说是关乎牺牲和抓住眼前的机会。我从事的体育运动在训练、比赛上都需要经常出行和大量的时间投入，我要全身心地投入到这件事情当中，当我结束运动时就让自己完全脱离运动这件事。所以更重要的是有效地划分和充分利用运动或者休息时间。

伊尔琳·哈姆林，美国雪橇运动员，

曾参加 2006 年和 2010 年冬季奥运会，并在
2014 年冬季奥运会上赢得铜牌。她建议：

> 训练永远是我的优先事项，这样容
> 易为训练安排出时间，也能让我把其他
> 事情放一放。因为在这个时间段，训练
> 更重要。

克里斯·卡尔麦克，美国自行车运动员，
曾参加 1984 年奥运会。他说：

> 休息可能是时间管理中，最被人们
> 忽视和低估的一个方面。训练时，我们
> 会教导运动员将重点放在质量而不是数
> 量上；要想有更好的训练质量，运动员
> 就必须在艰苦拼搏的过程中合理地休息
> 以便恢复身体。因此，休息也是训练的
> 一部分，不应该排除在训练之外。

托比·扬金斯，澳大利亚水球运动员，
曾参加 2004 年奥运会。他现在是 Bluewire 媒
体公司的 CEO，主要经营网络策略和数字市
场业务。他建议：

找一个你信任并钦佩其工作的人，并且他也做过你想做的事。向他们寻求帮助，根据自己的情况，筛选他们给你提供的建议。这不只是节省一个小时，而是为你节省出潜在的几年时间，去达到你的目标。

在我的职业生涯中，我有好几个水球教练。每一个教练都有自己的强项和弱项。我领悟到的是，如果我有一个具体的挑战，就需要一个有针对性的应对方案。

如果我想增肌，我不会找我的水球教练，而会找我的力量教练。他是一个铅球和铁饼投手，他的增重程度和速度比我认识的任何一个人都要高。

如果我在比赛前感到紧张，我会咨询我的队长。他参加了数百场国际赛事，我可以从他的赛前活动中学习到经验。

如果我想提高游泳速度和耐力，我会找游泳教练。他也同时指导着几个澳大利亚游泳速度最快的选手。

这些看起来非常平淡无奇，但面对不同挑战时向该领域最棒的人寻求帮助，确实极大地加快了我的学习进程。不论作为运动员、学生还是作为商人，我几乎无法用数字来衡量这种方法为我节省了多少时间。

朱莉·克唐纳，澳大利亚长距离自由泳运动员，曾在 1988 年奥运会上赢得铜牌。她建议：

对于我来说，就是规划我的时间。如果我不规划自己的时间，就容易分心并且没有成效。所以，我为运动、慈善、工作和娱乐都规划了时间！这样我就可以做事有条理了。

斯考特·丹博格，代表美国参加了 5 次残奥会的田径、游泳和举重项目。现在是普里蒂金疗养中心的健身指导。他的建议是：

作为一个参加了 5 次残奥会的人，我成功平衡运动训练和"生活"的方法，是预想自己的训练需求和各种各样的"生活"义务和责任，并把它们放在一个想象出来的架子上。注意，这是一个很长的架子，上面有很多个可以移动的格子，这样你就可以确定任务的优先等级，对任务进行划分并在一段时间过后调整它们的布局。由于工作和学校中的任务所需的时间是已知的，并且是为了维持生计和保证前途而必须完成的责任，所以这类任务有固定的时间格子。其他任务，像家庭和业余追求，有灵活的时间格。即使存放这些任务的格子在架子上的位置"多少"是固定的。但这些任务在发生的那几个小时、几天或者几个时间段内是灵活的。与之相似，运动训练也有自己的格子，这些格子"多少"也是固定的。但最重要的是，为了使运动和家庭、业余追求之间保持平衡，大多数训练仍需要灵活对待。运动员要为自己的运动事业"呼吸和生活"。除了运动训练本身之外，对一个成功的运动员来说所具备的素质还包括平衡生活，特别是运动之外的兴趣。这些也同样重要。

"架子"建立起来后的状态并不会

保持多久，随着赛事和赛季的到来，运动训练也会变得更为重要，所需的时间也会越来越多。架子固定的空间基本保持不变，所以改变的是灵活空间。但不幸的是，运动员为了通过训练提高竞争力，就不得不挤占家庭或业余追求的时间。有时候，不能多些时间陪伴家里人或者进行休闲娱乐让运动员的生活变得很不幸。但如果运动员的家庭很支持他，那么来自家庭的支持反过来也会极大地帮助他取得成功。运动员会为了专注于训练而牺牲陪伴家人和休闲的时间。希望成为成功运动员的动力和热情，让他们觉得这种牺牲是值得的。

文斯·博森特，加拿大速度滑雪选手，曾参加 1992 年冬季奥运会，现在是一名运动公司的 CEO，也是《纽约时报》畅销书《速度时代》的作者。他说：

> 每天开始工作时列出 5 件"要务"，并且首先完成这些事。
>
> 试图完成所有事，是对时间最大的

浪费，尤其是在竞争的环境下。体育英雄通常是那些在体育馆、球场或者冰场花费更多时间练习的人，但他们可以更有效率。我能够参加奥运会的原因，是我做了竞争者们不愿意做的事。这些都不是什么大事。例如：阅读空气动力学书籍，学习滑雪板的制造过程，拜访体育人文学博士，每天利用具象化和想象的方法锻炼两个小时并获得生理反馈，利用感官剥夺法在漂浮箱中进行放松，催眠和冥想，每3周阅读一本关于思维训练的前沿书籍。

尽管你也许不用为了奥运会做准备，但你需要为了实现目标而奋斗，所以你也绝对身处于竞赛当中。这些有关时间和生产力的秘诀，会使你离终点更进一步！

◎ 29位全优生的时间秘诀

高中生怎样在参加众多活动和大学体育

校队的同时，还能取得全优成绩？我采访的
学生给了我很多方面的建议，多到无法一字
不差地记录于本书中。下方的文字云图，概
括了他们的回答。

手写笔记　　注意力优先

制定长期目标　为朋友计划出时间　　安排时间放松

使用日历　短期目标　放弃出去玩

避免接触社交媒体　　番茄时间管理

不要看电视

　　我自己家的两个女儿就提醒我，实现高
生产效率、成为一个成功学生的方法不止一
个。她们都是全优生，却有着非常不同的学
习习惯。一个边学习边听音乐，另一个就不
这么做；一个把看社交软件当作自己完成一
项作业的"奖励"，而另一个为了避免诱惑
就把手机放在别的房间。

　　这些全优生的特别之处，在于他们提
及社交媒体的次数。几乎所有人都讲到了
要抵御来自 Snapchat、Instagram 或者脸书
的诱惑，也推荐了许多具体的应用程序来
控制自己查看社交媒体的冲动〔比如"自

控力（Self Control）""保持专注（Stay Focused）"〕。

除了类似于使用日历和确定优先事项这样的建议，全优生还懂得如何说"不"。从没有社交生活或者有有限社交活动的朋友到学习小组，这些建议虽然看起来很极端，但也许这就是在最高学术水平上保持优秀的代价。

◎ 239 位企业家的时间秘诀

创新者、冒险家、追梦者、商业大亨、白手起家的亿万富翁……换句话说，企业家们。除了他们，可能没有哪个团体能感受到多重职责带来的压力。他们当中的大多数人，要同时监管销售和产品开发，客户服务和集资，播客、写书、会议发言等。企业家是怎样做到如此富有成效的呢？

- 放弃没必要的任务
- 早晨工作

· 任务日历

· 清理邮件

针对提出的关于时间管理和生产力的问题，我从企业家们那里收集到了 25,000 多条回复。由于回复太多，所以无法完全收录于本书当中。

由于受访人群和答案的多样性，对于提高生产效率的答案也不是始终如一的。然而，在查看了他们的答案后，令我惊讶的是许多企业家都提到了早间习惯的重要性。这些回答并不具有目的性，我并没有询问他们的习惯，如果他们真有的话，所以这么多人都提到了这一点的确让我很吃惊。

其他出现的答案还包括在日历上计划所有待完成事项的重要性，未管理邮件带来的危害和集中注意力的必要性。这一组，没有提及同时处理多项任务的问题。

◎时间管理的 109 条至理名言

1. 昨天已成为过去，而明天仍是个谜。

今天则是礼物，这就是为什么它叫作"现在"。

——埃莉诺·罗斯福（英语中 present 有"礼物"的意思，还有"现在"的意思。）

2. 不要等待。因为时不我待。

——拿破仑·希尔

3. 同样是一天，花在别人身上是浪费，花在自己身上就是值得。

——查尔斯·狄更斯

4. 敢浪费生命一小时的人，没有发现生命的价值。

——查尔斯·达尔文

5. 同样的事两个人做，一个立马做，一个最后做；立马做的人就是聪明人，最后做的人就是傻子。而区别他们的只是时间而已。

——巴尔塔沙·葛拉西安

6. 把每一天当成生命的最后一天来过。

——马可·奥勒留

7. 所有伟大的成就都需要时间。

——马娅·安杰卢

8. 我们真正完全拥有的东西就是时间，即使是一贫如洗的人也拥有它。

——巴尔塔沙·葛拉西安

9. 所有明天盛开的花朵都是今日播种的。

——中国谚语

10. 世界上任何武装都敌不过正当其时的思潮的到来。

——维克多·雨果

11. 注意你观察时间的方式。看时钟和看日出可不一样。

——索菲娅·贝德福德·皮尔斯

12. 要相信时间会帮助你做你想做的事。

——威廉·莫里斯·亨特

13. 三个小时的"太早了"，也比一分钟的"太迟了"要好。

——威廉·莎士比亚

14. 看表等下班的人似乎从没有好日子。

——詹姆斯·凯希·佩尼

15. 下决心永远不要游手好闲。从不浪费时间的人没有工夫抱怨时间不够。如果我们一直做事，就会惊喜地发现很多工作都已完成。

——托马斯·杰斐逊

16. 摇摆木马永远在动，可是没有迈出半步。

——阿尔佛雷德·A.孟塔培

17. 不恋过去，不梦未来，将思绪聚焦于当下。

——佛家谚语

18. 不要被日历所欺骗。你利用了多少天，一年里就有多少天。有些人用一年的时间得到一周的价值，而另外一些人则用一周的时间获得了一年的价值。

——查尔斯·理查兹

19. 有大象要喂的时候就不要去踩蚂蚁。

——彼得·图拉

20. 完成任何事情都需要时间，不要让这种恐惧成为你做事的绊脚石。时间怎样都会过去，我们不妨好好利用这些正在流逝的时间。

——厄尔·南丁格尔

21. 不要说你时间不够。你拥有的时间和海伦·凯勒、巴斯德、米开朗琪罗、特蕾莎修女、列奥纳多·达·芬奇、托马斯·杰斐逊和阿尔伯特·爱因斯坦的时间分毫不差。

——H.杰克逊·布朗

22. 不要花1美元的时间去做10美分的决定。

——彼得·图拉

23. 你热爱生命吗？那就不要浪费时间，因为正是时间构成了生命。

——本杰明·富兰克林

24. 即使你就在正确的道路上，但坐那儿不动的话也会被碾压。

——威尔·罗杰斯

25. 也许，让高效管理者鹤立鸡群的就是他们对时间的亲切照料，除此无他。

——彼得·德鲁克

26. 时间和世界都不是永恒的。只有改变才是生命的定律。那些局限于过去或是现在的人，注定要失去未来。

——约翰·肯尼迪

27. 争取到时间就争取到了爱、生意和竞争的全部。

——约翰·谢比尔

28. 我们为了节省时间而匆忙地过完一生，可半生的时间都被用来寻找节省时间的方法。

——威尔·罗杰斯

29. 我把这封信写得比平时长，因为我没时间把它写短。

——帕斯卡尔

30. 偶尔做事的人，对于我来说并不是自由的人。

——西塞罗

31. 相比活得好，他活得更长；那些没

有被认真对待的时间并不存在于你的生命当中，而是被浪费掉了。

——托马斯·福勒

32. 晚起的人一整天都不会抓紧。

——本杰明·富兰克林

33. 得到时间的人得到一切。

——本杰明·迪斯雷利

34. 学识最多的人，也最会为浪费时间而感到悲痛。

——但丁

35. 我不去想昨天。唯一要紧的是永恒的现在。

——萨默塞特·毛姆

36. 我建议你照顾好分钟，因为小时会照顾好它们自己。

——查斯特菲尔德勋爵

37. 我光忙着拖地而忘记关水管了。

——无名

38. 如果不是到了最后，很多事情也不会完成。

——迈克尔·S.特雷勒

39. 如果你想好好利用时间，你就得知道什么是最重要的事，然后付出你的全部。

——李·艾柯卡

40. 在现实世界里，没有什么事的发生可以占尽天时地利。纠正这点是记者和历史学家的事。

——马克·吐温

41. 事实上，一般人们都能够为自己的选择挤出时间。真正的问题不在于时间而在于没有意志力。

——约翰·卢布克爵士

42. 看得太过于长远是错误的。你只能在一个时间点上，抓住命运锁链里的一环。

——温斯顿·丘吉尔

43. 像老虎一样活一天，总好过像绵羊一样活一千年。

——中国藏族谚语

44. 慢慢地做一件对的事，要好过很快地做一件错事。

——彼得·图拉

45. 要紧的是我们如何在现在和这里花费时间。如果你已经对现在和时间互动的模式感到厌倦，改变吧。

——玛西娅·韦德

46. 忙碌是不够的，蚂蚁也一样。问题是，我们在忙什么？

——亨利·大卫·梭罗

47. 要知道时间真正的价值，抓紧、抓住、享受每一个瞬间。不要游手好闲，不要懒散，不要拖延，今天能做的事不要拖到明天。

——查斯特菲尔德勋爵

48. 时不再来。

——谚语

49. 永远不要把今天能做的事留给明天。

——本杰明·富兰克林

50. 工业也许能代替我们失去的财富，学习也许能找回我们失去的知识，温暖的气候或者药物也许能让我们恢复健康，但失去的时间再也不可能回来。

——塞缪尔·斯迈尔斯

51. 善用光阴，别让优势溜走。

——威廉·莎士比亚

52. 管理时间却不确定优先事项，就像没有目标地射击一样，打中什么都算是击中目标。

——彼得·图拉

53. 许多人到了钱快用完的时候才想起来理财，对待时间也是一样。

——歌德

54. 钱是极好的东西，但还是有比钱珍贵很多的东西。

——亚历山大·布洛赫

55. 钱可以赚也可以赔，但时间只能赔。所以我必须自信地花费时间。

——无名

56. 永远别让昨天占用今天。

——理查德·H. 尼尔森

57. 如果你聪明地利用经验，那么就没有什么事是浪费时间的。

——罗丹

58. 没有什么是我们的，除了时间。

——歌德

59. 一旦你掌握了时间，你就会发现许多人真是高估了一年里可以完成多少事，低估了十年里可以取得多少成就！

——安东尼·罗宾斯

60. 时间总是够的，如果运用得当。

——歌德

61. 一个值得花时间做并且取得圆满成功的任务，相当于五十个完成一半的任务。

——迈尔康·福布斯

62. 普通人只想着花时间。伟人则想着利用时间。

——无名

63. 你要认识到，现在，就在这个瞬间，你在创造。你在创造你的下一个瞬间。事实就是如此。

> ——萨拉·帕蒂森

64. 休息一下。休息过的田地会获得更大的丰收。

> ——奥维德

65. 坏消息是时光飞逝，好消息是你是领航员。

> ——迈克尔·阿特舒勒

66. 成功和失败之间的界限就是五个字："我没有时间。"

> ——富兰克林·菲尔德

67. 关键不在于花费时间，而在于投资时间。

> ——史蒂芬·R.柯维

68. 最重要的问题是问自己：我想变成什么样？

> ——吉姆·罗恩

69. 最能确保迟到的方法，就是自认为还有充足的时间。

> ——里奥·肯尼迪

70. 行动的时间就是现在，永远都不晚。

> ——卡尔·桑德堡

71. 你享受地去浪费时间，就不叫浪费时间。

> ——伯特兰·罗素

72. 如果一个人享受自己所做的事，那他最糟糕的一天也好过不做事的人最好的一天。

——吉姆·罗恩

73. 没有什么事是不应该完成的，只要有效率。

——彼得·德鲁克

74. 此刻像其他的任何时刻一样美好，只要我们知道该做什么。

——拉尔夫·瓦尔多·爱默生

75. 最不能善用时间的人，会最早抱怨时间的不够。

——珍·德·拉·吕耶尔

76. 没有什么比时间和自我更重要。

——巴尔塔沙·葛拉西安

77. 贯穿最糟糕日子的是时间和小时。

——威廉·莎士比亚

78. 当他渐渐长大，时间会教他许多。

——埃斯库罗斯

79. 时间是个伟大的疗愈师，但是个差劲的美容师。

——露西尔·哈珀

80. 时间是个伟大的老师，但不幸的是它杀死了自己所有的小学生。

——埃克托·路易·柏辽兹

81. 一提起时间，立马想到的就是：它是我们所有财产中最宝贵、最易失去的东西。

——约翰·伦道夫

82. 时间就是金钱。

——本杰明·富兰克林

83. 时间真的是唯一一种每个人都拥有的资本，也是唯一不能失去的东西。

——托马斯·爱迪生

84. 时间是人生的硬币。这是你仅有的一枚硬币，也只有你能决定怎么花掉它。小心不要让别人替你花掉它。

——卡尔·桑德堡

85. 时间是打破青春的骑手。

——乔治·赫伯特

86. 时间是教授我们知识的学校，时间是燃烧我们的烈火。

——德尔莫尔·施瓦茨

87. 时间是最好的顾问。

——伯里克利

88. 时间是我们最想得到却最不能利用好的东西。

——威廉·佩恩

89. 时间永远无法失而复得。

——本杰明·富兰克林

90. 时间成就英雄，但消解名人。

——丹尼尔·J.布尔斯廷

91. 对于会利用时间的人来说，时间停留得足够久。

——列奥纳多·达·芬奇

92. 时间会消耗你的金钱，但金钱买不来时间。

——詹姆士·泰勒

93. 同时做两件事，等于一件也没做。

——普布利乌斯·塞勒斯

94. 考虑做某事太久，就会做不成。

——伊娃·杨

95. 能够管理时间，才能管理其他事。

——彼得·德鲁克

96. 只有"重视"自己，你才会"重视"时间。只有你"重视"时间，你才会行动起来。

——M.斯科特·派克

97. 我们花小时间做大事情，但是我们不能花大时间做小事情。

——吉米·罗恩

98. 任何时间都能完成的事，永远都不会被完成。

——苏格兰谚语

99. 当我准备劝说某人时，我会花三分

之一的时间思考我自己和我要说的话，花三分之二的时间思考对方和对方要说的话。

——亚伯拉罕·林肯

100. 不管时间是好还是坏，我们只有这些时间。

——阿特·包可华

101. 我们拖延时间的时候，时间正在飞驰而过。

——塞涅卡

102. 延长工作时间，是为了填补剩余的工作时间。

——西里尔·帕金森

103. 过去无法改变，但担心未来会毁了现在。

——无名

104. 你无法太早地做好事，因为你永远都不知道太早会多快变成太晚。

——拉尔夫·瓦尔多·爱默生

105. 你无法在不伤害永远的前提下消灭时间。

——亨利·大卫·梭罗

106. 你可以拖延，但时间不会。

——本杰明·富兰克林

107. 春天做计划或者秋天去乞讨，你必须擅长其中之一。

——吉姆·罗恩

108. 你永远都不会找到时间。如果你想有时间就必须争取时间。

——查尔斯·巴克斯顿

109. 在做小事时要考虑大事，这样才能保证所有的小事在正确的道路上。

——阿尔文·托夫勒

关于作者

凯文·克鲁斯

凯文·克鲁斯是《纽约时报》畅销书作家、《福布斯》撰稿人、主讲嘉宾，他创立了数家价值几百万美元的公司。他也为《财富》500强的CEO、海军陆战队将军和国会成员提供建议。

在追逐梦想的过程中，22岁的凯文·克鲁斯创立了第一家公司。他不停地工作，每天去基督教青年会（YMCA）冲凉，在不大的办公室里过着不规律的日子。一年后，他负债累累地宣布放弃。但在认识到全身心领导力和如何"掌握你的时间"所带来的力量后，凯文继续创业并卖掉了几家创业成功的公司，在此期间，他获得了Inc.500强企业和"最佳工作地点"的殊荣。